普通人的財富自由之道

從思維到方法，
一人創業大神
帶你打造致富腦

THE COMMON PATH to UNCOMMON SUCCESS

JOHN LEE DUMAS

A Roadmap to Financial Freedom and Fulfillment

約翰・李・杜馬斯——著　梵妮莎——譯

「當你用非凡的方式執行平凡的生活瑣事，你將引起全世界的注意。」

——喬治・華盛頓・卡弗

各界推薦

一個成功的企業，背後絕對有許多不為人知的辛酸，作者從一個Podcast開始創業，一開始蒐集大量的資料與篩選，最後選定適合自己的市場與平台，這是一個非常具有商業思維的起頭。

但作者最讓人佩服的有三個重點，一是能果斷地找到適合自己的導師，直接向成功人士學習最短的路徑；二是有效的信件溝通力，靠著有脈絡又感動的文字找到許多成功的創業家合作；三是堅持不斷的毅力，保持更新產出的頻率，任何困難都無法阻止他。

本書雖看似只是一個創業成功的故事，但背後有許多遇到困難的心態解法以及步驟化的經驗整理，如果想要透過 Podcast 開始在網路創業，絕對要好好品嘗其中巧思。

——Johntool-工具王阿璋

如果說近十年和過去有什麼不一樣，那就是個人也開始能擁有相等甚至超越傳統媒體的影響力。但並不是說我們只要開一個FB、IG、YouTube頻道或Podcast就會帶來成功，任何商業行為背後的關鍵永遠是如何去提供價值，而媒體只是加速價值推廣與放大的媒介而已。

本書分享了一套從零開始建立自己商業模式的完整經驗與各種思考細節，對於想踏上這條路的人，十分值得參考與借鏡。

——**Mr.Market市場先生（財經作家）**

每天起床我都慶幸生活在充滿機會的時代。

現在網路取得資訊非常容易，可以透過吸收知識並且內化轉譯的方式，累積到一群忠實粉絲，這就是部落客、YouTuber的其中一種成功方式。

「收入」會和「價值與影響力」成為正比！提供越高的價值，收入自然也就越高。

而你只需要透過書中簡單的方式，制定目標、解決問題、銷售漏斗……等方法，就能達到非凡的成就，進而達到財務自由。

——**高培（投資理財網紅）**

此書所指導的方法，也是我所觀察到自己周遭好幾位成功企業家們所實踐的方法，確實具體、可行，值得每一位想要活出最好人生版本的讀者撥空一讀，一定會有不少收穫！

——**愛瑞克（《內在原力》作者、TMBA共同創辦人）**

從百萬年薪工程師離職，全職創業之後，不斷地摸索關於品牌形象、社群行銷、內容行銷、產品設計、銷售流程等等，付出十幾萬的學費，再經過大量的實踐應用，才完整拼湊出一人創業、一人公司的框架，什麼該先做？什麼是行銷漏斗？有什麼眉角可以幫助成交率？還有什麼地雷需要注意？

如果這本書可以讓我早點遇見，或許就能節省付出的學費和時間，因為作者用非常系統化的編排方式，一個章節就是一個創業該執行的步驟，而且每個步驟在一人創業皆是不可或缺，換句話說，只要把這本書看完，你就學會價值十幾萬的知識！

——**慢活夫妻George & Dewi（投資理財KOL）**

CONTENTS

前言

你被騙了。事實上，我們都被騙過。為什麼呢？大多數的人都不想讓你知道一個簡單的事實。

非凡的成功是可實現的，方法其實非常平凡。

這本書將揭露一條引領你達到人生財務自由和成功的道路。為什麼我如此肯定你將實踐非凡成功？因為我從二〇一二年就開始在這條道路上前進，在度過三十二年財務困頓和缺乏成就的日子後，我找到一條平凡的道路，不曾回頭。

你可能會問：「如果這條道路這麼平凡，為什麼沒有更多人知道呢？」答案很簡單，那些「專家們」喜歡將事情複雜化，攪亂一池平靜，並在本應非常單純的東西上徒增困惑。

為什麼？因為這樣做他們才能繼續當守門人，繼續擔任那個握有成功「關鍵鑰匙」、還索價一千九百九十七．九七美金才能幫你解鎖奧祕的人。

我們活在一個提供無限機會和資訊的世界，一切近在咫尺。機會帶來興奮，知識帶來力量，這本書將向你介紹如何駕馭你的興奮並讓你的力量最大化。

今天就是我們站出來的日子。一條通往非凡成功的平凡之道並不會是一蹴可幾，它是你路上的北極星，直指財務自由和成功。

為什麼我會向你分享這條道路多麼美好呢？在這三十二年以來，我聽信那群守門人的話，雖然並不完全都是不好的，但我並沒有踏上通往財務自由和成功的道路。

根據這些守門人的說法，我做了所有對的事情：我在南邁阿密的中學四年平均成績有B，以美國儲備軍官訓練獎學金進入普洛威頓斯學院。在我大二時，發生紐約世貿雙塔和五角大廈攻擊事件，我對美軍的承諾很快就成真。八個月後，我以GAP 3.0的成績畢業，成為九一一恐怖攻擊之後第一個委任陸軍軍官班級的一員。

在肯塔基州諾克斯堡簡單受訓後，我們這個營被派遣至伊拉克，執行為期十三個月的任務。這是一個很痛苦的轉變，從一個無憂無慮的大學生成為一名帶領四台坦克和十六位同袍的坦克指揮官，這場在異國的戰役非常緊張，但年僅二十三歲的我就身處其中，在伊拉克試著活下來。

如大家所說，戰爭就是地獄。十六位同袍中有四位在這十三個月期間付出了最終極的犧牲……那真的是地獄。

為了緬懷這些在勤務中喪命的英雄，我對自己許下承諾，發誓絕不安於缺乏成就感的生活。我發誓絕對不會放棄追求幸福，自己將度過一段值得的人生，這條命是我欠他們的。我會透過活出服務他人、有價值和充滿感激的人生來榮耀他們的犧牲。

然而，現實降臨到我眼前。

從伊拉克回到「真實世界」並不容易。我在二十多歲時飽受PTSD（創傷後壓力症候群）的折磨，掙扎著找出成就感和幸福感。我從戰爭中倖存，財務穩定，有一份很不錯的工作，但為什麼我是如此不快樂、不滿足？

現在回頭看，原因很明顯：我並沒有活出自己對四位陣亡同袍所承諾的那種生活。我沒有過著服務他人、有價值和感恩的生活。相反的，我追求的是「成功」——或者至少是我當時定義的成功。我以為成功意謂著金錢、尊重，甚至是名聲。

這樣扭曲的定義將我帶進法學院，在過了一個悲慘學期後，我退學了。接著，我投身於企業融資，窩在小小的辦公隔間裡苦苦掙扎了一年多，後來實在受不了，遞出辭呈。然後嘗試了房地產業，以為這會帶來我想要的自由和滿足感。

並沒有。

漫長而不滿意的日子就這麼過了六年。幸運的是，我一直很喜歡了解其他人是如何獲得成功。在六年的奮鬥中，我閱讀了數十本商業書籍、參與線上研討會，當然還有聆聽Podcast。有天我在聽某個商業Podcast時，主持人分享了一句名言，這句話幾乎是從耳機裡伸出一隻手、打了我一巴掌。

> 不要立志做成功的人，但是要極力做有價值的人。——愛因斯坦

我會在第一章分享更多這個覺醒瞬間之後所發生的細節，但我在那一刻決定成為一個「有價值」的人。

成為有價值的人讓我實現了財務自由和有所成就的目標，終於兌現我二〇〇三年做出的承諾，讓我有機會分享平凡道路將如何引領你取得非凡的成功。

它有用，因為它很簡單；它有效，因為它穿越時間限制。它之所以可行，是因為你絕不能忘記的一個真理。

如果你為真正的問題提供最佳解決方案，你就能得到非凡成功。這本書將引導你順著平凡道路前進，直到你得到非凡成功。準備好開始了嗎？請翻頁，通往非凡成功的平凡之道正在等著你。

1 訂定你的遠大理想

一切都始於一個想法。——南丁格爾

原則一　你通往非凡成功的平凡之道源自於一個理想，一個遠大理想。

這裡有兩個我們在訂定計畫時常犯的錯誤。

錯誤一：認為遠大理想應該要是自己充滿熱誠的事。例如：我愛馬芬蛋糕，所以我要開一家糕點店！

錯誤二：認為遠大理想該是自己擁有專業的事。例如：我知道怎麼寫程式，所以我未來要架網站！

你的遠大理想並非二選一。並不是非得在有熱誠或有專業之間做選擇，而是要兩者兼具，你的遠大理想必須結合你的熱情和專業。

讓我們看看狀況一「只有熱情」會如何。對自己的遠大理想充滿熱情非常重要，你需要每天興奮地投入計畫。但，如果只是有熱情，卻沒有為世界提供所需的解決方案，那麼你的想法就不會得到關注。

人類最有興趣的就是：「對我來說有什麼好處？」對於你正在追尋自己的熱情所在，其他人或許會為你感到高興，但除非他們能直接從中得到好處，否則永遠不會成為你的客人，你也永遠不會獲得收入，理想只會變成一個嗜好。

現在讓我們看看狀況二「只有專業」。在某個領域擁有長才當然很棒，能夠與世界分享你的知識更是如此。但，如果你對自己的專業領域缺乏熱情、興奮和好奇心，那將永遠無法獲得成就感。

通往非凡成功的平凡之道很單純，但確實需要時間。如果你對自己的理想缺乏熱情，那麼總有一天在起床時，會意識到自己不再享受正在做的事情，接著就會退出。此外，你還會遇到同個領域中充滿熱情的競爭對手，而且他們每次都會勝出。

既然看過上面兩種狀況的缺陷，讓我們來談談最後一種狀況。

你對自己的遠大理想既有熱情又有專業知識。你的想法發自真心讓你興奮，並為世界提供真正的價值。

那就是你的「好球帶」！

現在該來帶你完成這項練習，讓你找到遠大理想，這樣就可以每天生活在好球帶中。

你的「好球帶」

針對這個練習，你需要一張紙，請在中間畫一條線，左邊寫上「熱情」，右邊則是「專業」。將計時器設定為五分鐘，然後按開始。

請花整整五分鐘的時間寫下你所熱衷的一切。什麼讓你興奮？什麼讓你充滿熱情？在童年、青年期和成年期等不同階段，你分別對什麼充滿熱情？如果你明天完全沒有行程、不需要負任何責任，你會做什麼？寫下所有想到的東西。

叮！時間到。

好的，接下來換右邊的欄位，也就是你的專業領域。再一次，將計時器設定為五分鐘，然後按開始。

用整整五分鐘的時間寫下你所擅長的一切。你掌握了哪些技能？你擅長什麼？你在這些年累積了什麼經驗？也問問家人和朋友的看法，他們認為你什麼事情做得很好？你可能會對自認「很一般」但別人認為你是專家的事物，感到震驚。

叮！時間到。

現在開始找出你的熱情與技能的交集所在，也就是好奇心與專業知識能結合的項目，把這些項目用箭頭連起來。這些連結是你的好球帶，將在這裡選出自己的遠大理想計畫。

在下一節我會仔細分享自己的故事，但這邊快速劇透一下我個人的好球帶例子。

我在熱情欄位寫下「與成功企業家的對話」，專業知識欄位寫下「以我在美軍服役和企業融資的日子為基礎，促成對話和公開演講」。

我意識到這是一個潛在的好球帶，並畫了箭頭將兩者相連，接著問自己有什麼機會可以將這兩者結合起來，答案是：錄製Podcast。

我喜歡聽採訪成功人士的節目，本身有過進行訪談的職業經歷，為何不推出我自己的Podcast採訪成功的企業家，並與世界分享他們的故事？

我的計畫已經成形，現在該行動了。

我的遠大理想

我看著鏡子裡的自己：「三十二歲了。」

雖然我過著不錯的生活，但仍帶著一絲厭惡說出了這句話。我生在緬因州的一個小鎮，在那裡度過美好的十八年，擁有健全的家庭和許多美好的回憶。接著，我以ROTC學員的身分主修美國研究，在羅德島的普羅維登斯學院度過了精采的四年，然後還有四年擔任現役軍官的艱難日子。

二十六歲時，我轉入陸軍預備隊，並在瓜地馬拉休假一年學習西班牙語。我一邊探索哥斯大黎加的西海岸，並一邊準備LSAT（法學院入學考試）。我在考試中表現不錯，最後回到羅德島成為羅傑威廉斯法學院的一員，那時我對於即將開啟的人生新篇章感到興奮不已。

雖然不是馬上察覺，但我在幾周後就知道自己犯了一個嚴重的錯誤——事情不對勁，我在法學院裡慘到了極點。

那是一種奇怪的感覺，即使是身處伊拉克最糟糕的時刻，我也從未感到如此悽慘。現在回想起來，我應該是PTSD發作，可惜那時候的我並不知道出了什麼問題。我無法專注於任何事情，授課時間彷彿永無止境的法學院課程便成為一種折磨。我硬撐過該學期剩下的日子，但知道自己不會再回來了。

我為了去印度和尼泊爾長期旅行訂了機票住宿，並與父母進行了有生以來最困難的對話之一（前後進行過好幾次），然後去尋找屬於我的「享受吧！一個人的旅行」。

印度非常令人驚艷，這正是我所需要的：逃離「現實世界」。探索印度和尼泊爾時，我非常享受這裡的喧囂、炎熱、文化、食物和大量人群，最後在喜馬拉雅山進行了長達十二天史詩般的徒步旅行，到達世界第十高峰——安納布爾納峰的基地營。但我知道自己不能永遠躲在印度和尼泊爾，在過了四個月零責任的生活之後，我已經準備好重新開始人生。

在第三次機會，我決定嘗試企業融資領域。我看重的是節奏快速、很多錢、備受尊重。我在波士頓的約翰·漢考克保險公司找到工作，第一年非常愉快。我學到很多、賺到可觀的收入，感覺自己走上了一條穩定的職業道路。

接著，二〇〇八年金融危機來襲，我看到貝爾斯登公司和雷曼兄弟公司的人手裡拿著箱子走出公司大門。我的公司也有裁員潮，雖然倖免於難，但我對企業融資的熱情正在迅速消退。我永遠不會忘記留下來的員工被趕進大會議室的那天，執行長宣布：「這個房間裡的每個人之所以在這裡，是因為我們希望你能在這裡，但如果你沒有百分之百的堅定信心，能和我們在一起直到最後，現在是離開的時機。」

這句話重擊我心。

那一刻，我意識到自己根本沒有所謂的百分之百信心，為了自己和公司好，我得離開。

於是會議結束之後，我走回辦公桌，在谷歌上搜尋辭呈範本，改寫幾行後印了出來。我在虛線上簽好名就把它交給了震驚的主管，我敢肯定他那時心裡一定在想：「這小子瘋了嗎？在這種時候辭職？」

接下來容我快轉一下故事，讓我們快一點讀到有關我的遠大理想的部分。

我的下一步是在紐約一家小型科技新創公司擔任業務。我喜歡住在紐約的日子，但事實證明了這份工作對我來說一無所獲，六個月之後再次遞出我的辭呈。這時候，我厭倦新英格蘭冬天寒冷漫長的生活，認定真正想住的地方是聖地牙哥，我出售了我的房產。

為什麼？我直到現在仍然不知道答案。然而，我這個人最大的優點就是行動力。我開著越野車，最後在聖地牙哥太平洋海灘的一間套房裡安頓下來，這裡距離太平洋只有一個街區。

在接下來的兩年裡，我在房地產業取得了些許成功、愛上被稱為「南加州風」的生活方式，並遇到一生摯愛的凱特！因為我在聖地牙哥房地產不錯的成績，一位在緬因州的親戚順勢給了我一份工作。

這份工作是任職於緬因州第二大商業房產公司，同時附帶五年的合作夥伴關係。我已經十多年沒有住在緬因州，能回家鄉、與家人親近的條件很有吸引力。我接受了這份工作、搬了家，並在波特蘭的一個舒適公寓裡安頓下來，距離新工作只有幾個街區。

我真的以為自己會長期安頓下來，對過去五年來離開軍隊、遊歷中美洲、嘗試念法學院、逃到印度、嘗試企業融資、試圖在紐約獲得成功，然後往西至聖地牙哥的人來說，這是個非常大膽的宣言。

我喜歡我的家，很享受與家人、老友重新取得聯繫，而且確信職業前景一片光明。然而，緬因州進入了幾十年來最嚴重的商業房產衰退期，那是慘無人道的一年。

我記得自己非常努力地完成一筆交易，在結算後收到一張三百一十六美元佣金的支票。在滿一年的關卡，我懷疑這是否是適合自己的職業，因為就算今天商業房產沒有衰退、而是蓬勃發展，我對這個行業也沒有多少熱情。

可是，我還能做什麼？真的要從頭開始嗎？從零開始對我來說其實也可以做得不錯，但那也很累。我已經準備好打造能讓自己引以為豪的事物，某個熱愛的東西，某個擅長的東西。就在那時，我開始了引領自己實現遠大理想的旅程。

我在iPod Nano中下載了最喜歡的Podcast，然後出去散步。我知道自己在商業房產領域的「職業生涯」已經結束，但接下來是什麼？我三十二歲了，照理來說，不是該在這個時間點開啟了不起的職業生涯嗎？我在幹嘛？

沉溺於自怨自艾中的同時，我的大腦專注於正在聽的Podcast。主持人引用了愛因斯坦的話，這句話讓我停下了腳步，就像一記當頭棒喝。

不要立志做成功的人，但是要極力做有價值的人。——愛因斯坦

如同前面提到的那樣，這就好像有人從耳機中伸出手、打了我一巴掌，而回想起自己的錯誤，這個巴掌持續讓我感到刺痛。自離開軍隊以來，我一直在追求被自己扭曲定義的「成功」。

我認為成為一名律師會讓我得到尊重；我認為企業融資會讓我變得富有；我認為房地產會帶來自由和滿足感——錯了，錯了，又錯了。

現在我明白為什麼了，因為花了所有的精力，想要轉變為神話般的成功人士，但我提供了什麼價值？仔細想想，答案很簡單：沒有。

是愛因斯坦從墳墓中伸出手、分享致勝策略：成為有價值的人。我仍然可

以看到那天在我腦海中閃過的頓悟靈光，就在那一刻，我發誓成為一個有價值的人，無論代價為何。

我不知道下一步該怎麼走，但我知道追求成功讓我不快樂、沒有成就感、缺乏方向。既然提供價值會改善我當前悲慘的狀況，為何不試試呢？

我繼續漫無目的地散步，試圖理解這個啟發。我能為這個世界提供什麼價值？接著，我問了自己一個顛覆一切的問題：「有什麼我希望有、但當前世界中並不存在的事物？」

我的腦海裡閃過一些念頭，但沒有什麼是好機會。然後，我想起了最近一次跟人聊天時，對於Podcast的抱怨：「我喜歡那些採訪成功企業家、分享他們的心路歷程的節目，但是那些節目每周都只更新一次，在下一集上傳之前，我只能苦等，沒東西可以聽。我希望有哪個Podcast可以日更，我會非常想要聽那個節目！」

這是我的靈光乍現NO．2！

為什麼我自己不能成為打造那個Podcast的人？為什麼我不能像聖雄甘地所說的那樣「成為你希望在世界上看到的改變」？那一刻，我決定要成為那個改變。我決定透過一個免費、有價值的每日Podcast，採訪世界上最成功的企業家，從而成為一個有價值的人。我不知道這條路會帶我走向何方，但是下定決心達成它，有生以來第一次致力於成為一個有價值的人，這個感覺很棒。

我的旅程並不總是陽光燦爛、鳥語花香，一路上也有很多顛簸，但我從未忘記愛因斯坦的話所引發的靈光乍現時刻。在路上的每一個分岔點，我都選擇了可以提供價值的道路。我將在接下來的章節中分享更多關於這段旅程的細節，但我想用一些劇透來結束第一章。

主持《火力全開的創業家》（Entrepreneurs on Fire）的前三百六十五天很有趣（也很困難），不過營利狀況並不好。經過一整年的努力，我們的收入僅略超過兩萬七千美元，但是我從未偏離過「成為有價值的人」的道路。金錢並沒有滾滾而來，但這是我有生以來第一次每天起床時，都有一種目標感、興奮感和熱情。我每天都專注於提供免費、有價值和穩定的內容，觀眾數量也不斷增長。

在第十三個月時突然出現了轉變，我們第一次在一個月內得到十萬美元的淨利潤。我們達到了一個轉捩點，現在已經連續一百多個月獲得超過十萬美元淨利潤，這在EOFire.com/income的月度收入報告中可以找到紀錄。

這些收入報告已成為我們網站上訪問流量最大的頁面，因為聽眾喜歡並欣賞每份報告提供的清楚指引。我們分享財務成功，希望能激發大家一些執行的想法，但同樣重要的是，這裡也公開許多我們失敗的故事，警告大家什麼是不可行的。為了增加報告的附加價值，我們的會計師和律師也會提供協助，向其他正在拓展生意的創業家分享有關稅收和法律的小提示。

我們在經營時總是會回到這個問題：「要如何為我們的聽眾提供更多價值？」

自從《火力全開的創業家》推出以來，我已經發表了兩千五百多集對於世界上最成功企業家的採訪節目，迄今為止的總下載量已超過八千五百萬次，每個月都有超過一百萬的聽眾。採訪的對象有你從未聽說過的新星企業家，也有像東尼・羅賓斯（Tony Robbins）、芭芭拉・柯克蘭（Barbara Corcoran）和蓋瑞・范納洽（Gary Vaynerchuk）這樣的傳奇企業家。

多年來，我們已經擴展並運營世界上最大的Podcast社群「播客天堂」（Podcasters' Paradise）。我出版過四本數位刊物，建立無數免費課程，過程始終遵循「我們如何才能提供更多價值」的指導原則。

回首過去，《火力全開的創業家》之所以成功，是因為它為實際問題提供了最佳解決方案。《火力全開的創業家》是否適合所有人？當然不可能。然而，這個節目填補了市場上的空白，我因此達到財務自由並取得成就感。

本書接下來的部分，將向你呈現如何遵循平凡道路，獲得非凡成功。加入我們這條通往財務自由和成就之路，並準備引爆你的火力吧！

走上非凡成功之道的《火力全開的創業家》企業家案例

哈爾・埃爾羅德分享關於訂定他的遠大理想

你的成功程度很少會超過你的個人發展程度，因為是「你所成為的人」將成功吸引到身邊。——吉姆・羅恩

哈爾・埃爾羅德的身體、情緒和精神狀態都很糟糕。他的生活在絕望中徘徊。他看著鏡子裡的自己：我怎麼會落到這種處境？

哈爾在大部分的職業生涯裡都獲得巨大成功，他可是Cutco公司的超級王牌業務代表，進入了公司的名人堂。然而他離開了這個充滿「錢」景的職位，創立自己的顧問事業，幫助其他Cutco業務代表、企業主和企業家改善他們的銷售系統，

生意一度非常興隆。

直到情況急轉直下。

二〇〇七年金融危機發生時，哈爾的生意一落千丈，失去一半的客戶，積欠五萬兩千美元的卡債，他家的前門貼著取消贖回權通知。哈爾壓力破表，不知所措，他的體脂增加了兩倍。

幸運的是，一位好友喬恩·伯格霍夫用一段話將哈爾打回現實：哈爾，你必須每天非常早起，一邊聽自我成長的音檔一邊運動，如果你想改善你的生意，就需要精進自己。

哈爾不是早起的人，但是現在已經無路可退。第二天早上，他起床去慢跑——他討厭跑步。哈爾在吉姆·羅恩的錄音研討會檔案上，按下了播放按鈕，然後又繼續憎恨眼前生活。

哈爾剛開始聆聽的時候半信半疑，直到一句話從耳機中傳出，震撼了他的靈魂最核心之處：**你的成功程度很少會超過你的個人發展程度，因為是「你所成為的人」將成功吸引到身邊。**

哈爾停下了腳步。

他什麼個人發展都毫無進步，他的成功程度直接反映了這一點。在那個寒冷的早晨，哈爾站在街角，發誓要永遠改變生命中的這一部分。帶著新的使命感，他慢跑回家，衝到電腦前，用谷歌搜索世界上最成功人士的嗜好和習慣。

這些搜尋結果把他帶入了一個兔子洞，讓他向億萬富翁、世界級運動員等頂尖人員學習。哈爾意識到自己看到相同的特徵和習慣，一遍又一遍地重複。成功不是艱深的學問，而是世界上最成功的人每天都在遵循的一些原則。

哈爾首先想到的是早上例行公事的重要性，仔細思考之後，他發現這當然是合理的。早上是讓身體、心理、情緒和精神進入狀況的最佳時間。正確的早晨例行習慣將幫助你學習、成長和改善生活的各個面向，然後，你就能以更好的自己度過接下來的一天，這會以積極正向的方式影響你每一次互動，提高你做每件事的動力、能量和生產力。

哈爾的下一步是確認最重要的個人發展習慣，並將它們結合為系統。經過多次反覆測試，他訂下持續成功最重要的六條準則，為這六條原則創建了一個縮寫字，此後舉世聞名：SAVERS，代表沉默（silence）、肯定（affirmation）、可視化（visualization）、運動（exercise）、閱讀（reading）、撰寫日記（scribing）。

現在哈爾有了自己的系統，開始上工。哈爾希望在六到十二個月後，全新的日常練習可以讓他取得到一些成功，而事實讓他大吃一驚。

短短兩個月，哈爾的收入翻了兩倍，處於人生最佳狀態，憂鬱症也無影無蹤。縱使外在的經濟環境變得更糟，哈爾的生意卻開始好轉。

為什麼？因為他進步了。

哈爾告訴他的妻子，這感覺就像一個奇蹟。她回應道：「這是你創造的早晨奇蹟。」那一刻，一個風潮就此誕生。

在接下來的三年裡，哈爾測試、完善並改進了他的「創造早晨奇蹟」系統。二〇一二年十二月十二日，他自費出版《上班前的關鍵1小時》，銷售火熱，自出版以來銷量超過兩百萬本，《上班前的關鍵1小時》已在三十七個國家或地區出版，他在臉書上的「創造早晨奇蹟」社群擁有超過二十六萬五千名成員。

哈爾的使命是每天早上提升大家的覺知。電影《上班前的關鍵1小時》於二〇二〇年十二月十二日上映，我很榮幸地說，哈爾在這部精彩的電影中呈現了我的晨間習慣。我強烈建議你去看看這部電影！

關於尋找你的遠大理想，哈爾曾說過一句睿智的話：「你的遠大理想可能已經成為你生活的一部分，但還沒被你意識到。它可能是你透過自己的個人轉念，成功應用到生活中的一種習慣或活動。這些原則不是我創造的，它們都是跨越時空、已經被實踐了好幾個世紀。我只是將這些方法組合成一個對我有用的系統。當我意識到這個系統也適用於其他人時，我知道自己必須與世界分享。」

哈爾遇到一個問題，他針對此問題精心設計了一個驚人的解決方案。這個解決方案變成了他的遠大理想，現在已經影響了全球數百萬人。

謝謝你，哈爾．埃爾羅德。

（你可以在 HalElrod.com 上了解更多與哈爾有關的資訊。）

2 發現你的利基

如果每個人都用同樣的方式，那麼你很有可能透過完全相反的面向找到自己的利基市場。——山姆・沃爾頓

原則二 定義出一個服務不足的利基市場，盡你所能去填補這個空白。

這是你通往非凡成功之路上極其重要的一步，不幸的是，這是多數人最抗拒的一步。大多數情況下，當你的利基市場越廣泛，能接觸的潛在顧客和追隨者就越多。

這說得通，如果你能與每個人產生共鳴，就能在市場上佔有更多分量。你當然希望每個人（和他們的親朋好友）都購買自己的產品和服務，但是……

當你試圖與所有人產生共鳴時，就無法與任何人產生共鳴。

——約翰・李・杜馬斯

請花一點時間思考這句話，它能為你省去數個月的痛苦、挫折和失敗。我可以不厭其煩地重複這句話，但很少有人聽得下去，他們會回答：「可是，我不想錯過任何一個可能會掏錢給我的人！」我懂他們的想法，但如果不趁早改變自己的心態，面對失敗和挫折只是時間早晚的問題。

請讓我分享一個在關鍵時刻發現個人利基市場的好案例。

很久以前，有位發明家發明了超棒的殺蟲劑，可以殺死你能想到的所有蟲：蟑螂、螞蟻、甲蟲、白蟻……你懂的。他在瓶身上用又大又粗的字體印上標語「殺光你家中每一隻蟲子」。他投入大量資金讓自己的產品在當地的商店上架，然後等待現金源源不絕湧入，很可惜，他想像中的漂亮銷售數字未曾出現。

發明家不懂為什麼他的產品賣不出去，這可是市場上最好的產品！無奈之下，他雇了一個人站在販賣殺蟲劑的走道旁觀察，每當有人拿起他牌殺蟲劑時，這個人就會詢問消費者原因。

收到消費者調查的結果時，他對於答案有多麼簡單感到非常震驚：

「我遇到螞蟻問題，所以我在尋找專門殺死螞蟻的東西。」

「我家有蟑螂，我想要找專門設計來殺死小強的產品。」

發明家腦中靈光一現，立刻把產品上那句廣泛的承諾，改成多個不同承諾的標語，這一百瓶「殺光你家中每一隻蟲子」變成了：「殺光你家中的每一隻螞蟻」、「殺光你家中的每一隻蟑螂」、「殺光你家中的每一隻甲蟲」、「殺光你家中的每一隻白蟻」以上各二十五瓶。

現在，他對於消費者正在尋求的確切問題，有了具體的解決方案，結果如何呢？銷量爆增。他的行銷內容仍然百分之百真實，只是遵循了成功大師羅伯特．柯里爾的建議：「時時參與顧客腦海中已經發生的對話。」

顧客去商店是因為他們遇到「螞蟻」問題，而不是廣泛的「蟲子」問題，這就是他們腦海中發生的對話。如此一來，只要看到「殺光你家中的每一隻螞蟻」，他們就會關閉腦中的對話循環、購買產品，從此過著幸福快樂的生活。

回到正題，這正是許多創業家難以靠他們的遠大理想大受歡迎的原因，這樣的利基還不夠，不夠具體。你沒有參與潛在客戶腦海中已經發生的對話？解決方案到底是什麼？

第一步：確定你的計畫

第二步：縮小利基市場。

第三步：再次縮小。

第四步：一直到利基市場不能再小為止。

你要怎麼知道市場已經縮到最小了？就是當你因為目標市場太小而感到緊張的時候。這時已經定位出一個你可以主宰，並擊敗競爭對手的地方，因為根本沒有能匹敵的對象。你會越來越受市場歡迎，並提供顧客比其他任何人優質的服務，等到達那個程度時，你已經贏了。

請記住，在每一個理想中，都有一個被忽視的利基市場；在每一個理想中，都有一個需要填補的空白。你的工作就是找出那個空白並服務這些人。

我通常會在這時候聽到一句話：「但是，約翰，我怎麼能在這麼小的市場中創造財務自由？」

簡單來說，你可能沒辦法，但沒關係。縮小規模並填補市場空白的目標，是要實踐一件大多數企業家和小企業主從未做過的事：概念驗證。

一旦你有了概念驗證，就會對自己的使命充滿信心。一旦充滿信心，你就會得到觀眾的關注，而一旦獲得觀眾的關注，就能建立信任、辨識困難點並創建最佳解決方案。

但我們還要持續超越自己。請你先想像一塊在山頂上的巨石，它已經存在了數千年。身為創業家，我們的工作是將那塊巨石推下山坡，但它卡住了，動也不動。無論你多麼努力地推，仍然一寸也沒移動，你只落得背部痠痛和頭冒青筋。

請別灰心，因為你正跟著我走在通往非凡成功的平凡之道上，我們會一起發現到底在何處施加壓力才會撬動巨石，接下來地心引力就會接手，事情自然水到渠成。

在此回顧一下本章重點：

1. 確認你的計畫。
2. 發現一個尚未被服務的利基市場。
3. 將利基市場縮到最小。
4. 成為最好的（也可能是唯一的）選擇。
5. 得到概念、信心和吸引力的證明。
6. 發現該在哪裡施加壓力，達到轉折點，並堅持下去。

發現我的利基

那盞腦海裡的燈泡突然亮了，我正在經歷自己的「叮咚」時刻。我的計畫是建立一個採訪世界上最成功、最鼓舞人心的企業家的Podcast。這些企業家會分享他們的失敗、「叮咚」時刻和最佳策略，幫助我的聽眾啟動他們的創業之旅。

我跳起來，準備衝回家立即動手，接著卻發現計畫中的缺陷：我從未製作過Podcast，也不知道該從何開始。

我有一些採訪他人和主持對談的經驗，但知道自己不可能一開始就能成為優秀的Podcast主持人。如果我的節目要成功，就需要一個優勢、一個與眾不同之處。節目得擁有一些特別和獨特的東西，這樣才能從人群中脫穎而出並引起轟動，我需要一個利基市場。

我開始回想那些啟發我的Podcast，它們有什麼共同點？我喜歡它們的什麼，不喜歡什麼？我錯過了什麼？我列出了自己喜歡的部分：

- 聲音品質良好。
- 主持人問出好問題，話不會太多。
- 來賓成功且鼓舞人心。
- 採訪重點聚焦於成功和失敗的故事。
- 討論具體的商業戰略。
- 經常發表新集數。
- 主持人很恰當地為來賓的訪談總結重點。

- 主持人在訊息不清楚時將問題釐清。
- 採訪持續二十到三十分鐘，並且專注於商業故事和策略。

我也列出了不喜歡的部分：

- 音質不佳。
- 主人漫不經心、經常打斷來賓。
- 主持人多次重複聽眾已經聽過的故事。
- 客人沒有分享具體的故事或經歷，只有模糊的成功和動機概念。
- 主持人很少或零星地更新集數。
- 主持人從不幫忙釐清問題，甚至似乎已經知道來賓方才分享的內容。
- 採訪持續四十五到七十五分鐘，但實際有價值的部分少於二十分鐘。

現在有了喜歡和不喜歡的清單之後，我接著條列出自己認為一場精彩的訪談該包含的條件：

- 我會購買高級收音設備，確保來賓的聲音品質良好。
- 我會尋找鼓舞人心和成功的企業家來進行談話。

- 我會永遠記得讓來賓成為焦點。
- 我會確保來賓準備好講述他們成功和失敗的故事。
- 身為主持人，我會總結這些故事的關鍵教訓和重點。
- 我會一直釐清問題，以確保來賓的訊息是清楚的。
- 我會經常且持續地更新節目集數。
- 我會將每次訪談維持在十五到二十五分鐘之間，同時確保內容豐富。

然後我退一步檢視清單的內容，發現這裡面確實有一些特別之處時，我感到興奮，但同時也知道還缺少了點什麼，而這會導致我的Podcast失敗。

為什麼呢？因為早就有符合這些細節的Podcast了，而且那些主持人還擁有豐富的經驗、觀眾和動力——但是我沒有。那麼，我要如何獲得這種難以捉摸的動力？如何獲得最初的吸引力和概念證明？我一定得將利基市場縮到最小。

我必須在Podcast市場中找到一個未被填補的空白，一個我可以從第一天起就占據主導地位的利基市場，並不是因為我比競爭對手更好，而是因為沒有競爭。所以我問自己，到底缺了什麼？

我回頭審視清單，試圖找出一個機會，此時一個句子從頁面上跳了出來：**經常發表新集數**。

就是這個！我立刻研究自己最愛的Podcast發布時間表，發現大家通常是每周更新一次，這代表每次我聽了一集後，都必須等待六天才會有下一集出現。我也記得自己因為苦苦等待新集數而產生的沮喪和失望。

如果我把利基市場縮小，並製作比其他節目多兩倍的集數呢？每周兩次？不過我馬上知道這還不夠小眾，三次？不，這還不夠痛苦，一周七次？哎喲，這很痛苦，因為我知道每天更新需要費多少工夫，所以也想知道其他人是否會聆聽日更的節目。

快速搜索後，我發現在商業題材中，每天上架新集數的節目數量為零。我也突然意識到，這表示我的節目上架那天，就會是市場上最棒的「每日更新企業家採訪Podcast」——當然也可能會是最糟糕的，無論如何我都是唯一的一檔節目。

這實在太令人興奮了！我接著也想到了另一件事，如果我的Podcast要變好，自己必須也跟著變厲害。一周才做一次的事情怎樣可能會變厲害，而且一年算下來也才做五十二次；我得透過重複練習，成為一名優秀的主持人才行。所以每天錄製節目就表示每天都會練習一次，一周七次、一個月三十次、一年三百六十五次。

此外，我還能以快得難以置信的速度建立人脈。每個月有機會與三十位成功的企業家交談簡直是美夢成真，與這些閃亮新星建立關係並可能發展出一段友誼，將會是無價之寶。

最後，我發覺到門檻越高、競爭越低。採訪世界上最成功企業家的每日Podcast是非常高的門檻，所以根本沒有競爭對手可言，這是一場我能獲勝的比賽。

我準備好開始了，知道自己希望在世界上做出什麼樣的節目。我對著鏡中的自己做出以下承諾：我將創立第一個每日更新的Podcast，採訪世界上最鼓舞人心的企業家。

我已準備好踏上通往非凡成功的平凡之道。

走上非凡成功之道的《火力全開的創業家》企業家案例

賽琳娜・申分享發現利基市場

選擇你喜歡的利基市場，你可以在那裡脫穎而出，並有機會成為公認的領導者。

——理查・柯克

賽琳娜．申正在經歷一場青年危機。她二十五歲，住在紐約，擁有可愛的公寓和可愛的男朋友，她認為在一家女性非營利組織服務，是自己夢寐以求的工作。儘管似乎擁有一切，她還是很沮喪。

這怎麼可能？如果她現在都不覺得幸福，往後還有機會找到幸福嗎？是該改變了，但要怎麼改變？

無奈之下，賽琳娜加入了一個女性生活輔導小組。在那段時間裡，輔導小組介紹了很多幫助世人過上最好生活的作家和思想領袖。她記得自己當時的想法是：「我真希望世界上的每個人都知道這些人。」

賽琳娜發現，無論是找到自己的目標、開始創立理想工作，還是治癒自身的健康或人際關係，總而言之，當一個人尋求真正的轉變時，不僅是在尋找更多訊息，也是在尋找靈感。她想藉由向這些絕佳的榜樣學習，幫助更多人改變他們的生活。

賽琳娜可說是天生的行銷策略師、品牌建立人和超級聯繫者。透過結合上述三項超能力，她在市場上開拓了一個前所未有的利基市場，然後開始努力。賽琳娜熱愛把人事物聯繫起來，當她能夠將兩個人湊在一起、憑空創造出新的機會時，她就會內心燃起熊熊的熱情。為了收穫最初的市場吸引力並驗證自己的創業，賽琳娜替第一批客戶提供免費服務。

這個策略奏效了。不知不覺間，賽琳娜的客戶開始熱情地推薦她的服務，並介紹其他有需要的人前來找她。

賽琳娜每天醒來時都充滿了新的使命感，先前的抑鬱情緒一掃而空，她正在幫助傳播鼓舞人心的故事，為最需要的人帶來希望。賽琳娜在利基市場上全力以赴，後來創立了一家市值高達七位數美金的公司，幫助各式的專家、教練和作家成為各自行業中受人尊敬的領導者。

關於發現利基市場，賽琳娜的建議是：「你最喜歡做的事情是什麼，會愛到願意免費去做？一旦確定了這一點，就可以進入市場並證明你的價值。先讓大家免費獲得大量結果，把他們變成狂熱的粉絲、傳道者和好評推薦生產機器。」

就我個人而言，我喜歡賽琳娜將三項超能力組合成一個獨特、少有服務的利基市場。將每一項超能力拆開來看，各自的市場競爭都非常激烈，然而，她透過結合行銷策略師、品牌建立人和超級聯繫者的技能，整合為一個核心產品，賽琳娜也因此成為了所在利基市場中公認的領導者，她後來的發展也無須贅述了。

謝謝你，賽琳娜・申。

（你可以在SelenaSoo.com上了解更多與賽琳娜・申有關的資訊。）

3 創造你的「化身」

沒有人是你的顧客。——賽斯・高汀

原則三 你的化身是指引旅程的北極星。

你已經確定了自己的遠大理想，發現了利基，現在已經準備好沿著這條平凡的道路邁出下一步。

非凡的成功：創造你的「化身」

什麼是化身？化身是一個特定的對象，是你的完美顧客，你的內容、產品、服務方案的理想消費者。

這是通往非凡成功的平凡之道上極其重要的一步，但也是最容易被忽視的一步。當你非常清楚地了解化身時，就可以自信且快速地拓展生意。

請讓我解釋一下。正如賽斯・高汀在本章引言中所說的，沒有人是你的客戶。然而，當你問大多數企業家他們的「化身」是誰時，回答通常是某種層面上的每個人，因此他們注定會失敗。

並非每個人都是你的客戶，更精準地說，大多數人都不是你的客戶。這個世界上有數十億人，其中百分之九十九的人永遠不會知道你的存在，更不用說消費你的服務或受到你的訊息的影響。

但這都沒關係，其實這反而是很棒的一點，因為你不需要數十億客戶。我的精英Podcast社群「播客天堂」是世界上所有類型最成功的線上社群之一，八年來已經有六千人加入，雖然一年不到一千人，但我們單從「播客天堂」就創造了超過五百萬美元的收入。

你想問怎麼辦到的？由於我們對化身有著徹頭徹尾的了解，所以在Podcast領域所做的一切都是為理想客戶精心打造的，這是我們唯一關注的事情，因此「播客天堂」自然年復一年地蓬勃發展。

那麼，你如何打造自己的化身？請拿一枝筆坐下，好好回答下列問題。記住，你正在為你的內容打造一個完美的消費者，一個活生生的人。

1. 化身的年齡？

2. 男性還是女性？
3. 結婚了嗎？
4. 有沒有小孩？
5. 有工作嗎？如果有，是什麼樣的工作？
6. 他們通勤嗎？如果是，耗時多久？
7. 他們喜歡自己的工作嗎？
8. 他們熱愛什麼？
9. 他們的興趣是什麼？
10. 他們在空閒時間做什麼？
11. 他們不喜歡什麼？
12. 這些年來他們獲得了哪些技能？
13. 他們能為世界帶來什麼價值？
14. 他們的人生目標、抱負、希望和夢想是什麼？
15. 他們生活中完美的一天是什麼樣的？
16. 他們消費什麼類型的內容？多頻繁？
17. 他們現在生活中最大的掙扎是什麼？

18. 他們正在尋找的解決方案是什麼？

回答完上述問題後，該來寫出五百字的化身簡介了，請在這裡發揮你的想像力，玩得開心。而當你完成時，應該要對這個人的了解勝過一些親密好友。

創造好你的化身了嗎？恭喜！你剛剛完成了通往非凡成功之路的關鍵一步，這將成為接下來旅程中作為方向參考的北極星。

身為創業家，我們將面臨數以千計的決策，每一個決策都是一個岔路口，應該向左走還是向右走？那些沒有創造化身的人會花費許多時間、精力、精神和金錢，試圖做出決定。最糟糕的是，他們經常選擇錯誤的道路。

為什麼？因為唯一的正解就是為你的化身做最好的選擇。請讓你的完美客戶成為你在每個岔路口的嚮導，從這一刻起，你邁出通往非凡成功的每一步都會有化身伴隨左右。沒有化身，你就會在黑暗中跌跌撞撞。

創造我的化身：吉米

二〇一二年七月時，《火力全開的創業家》還在預備階段，事情進展得比我希望的要慢，每一個決定都讓我苦惱不已。這不僅耗費大量時間，而且還占用了大量精力，讓我筋疲力竭。

有次在我與克里夫．雷文史卡夫特（Cliff Ravenscraft）的顧問指導電話會議中，我抱怨每一個決定都如此耗費精神。他的回答改變了一切：「你完美的聽眾想要什麼？」

我結巴了一陣子，但很明顯，我不知道自己的完美聽眾想要什麼，因為我還沒有創造出完美聽眾。接著我搞懂了：只要知道完美聽眾是誰，那麼現在苦惱的每一個決策都會變簡單。未來每次遇到岔路口，只要向完美聽眾尋求答案，並選擇最適合他們的道路就可以了。所以一掛斷克里夫的電話，我就坐下來打造我的化身，也就是《火力全開的創業家》的完美聽眾。

我一開始動筆就停不下來。我確實知道誰是我的完美聽眾，只需要補足細節，並在做每個決定時都把他們的最大利益放在第一位。直到今天，我都不知道這個名字是打哪裡冒出來的，但當時我最先在紙上寫下「吉米」。隨著完美聽眾在眼前形成，文字也從我的筆尖流洩而出，等到終於停下來時，我已經寫了八百多字。將這些文字閱覽一遍之後，我知道自己的完美聽眾已經成為創業之旅的一員，我再也不會為任何一個決策而苦惱了。

我不會把整篇介紹全放上來，而是重點呈現我賦予化身的深度和豐富度，從那以後，化身一直是《火力全開的創業家》的決策依歸。

吉米四十歲，他有妻子和兩個孩子，分別是三歲和五歲。他每天開車上班，通勤時間需要二十五分鐘。準備開始工作時，他會喝杯咖啡，並在走到自己辦公小隔間的路上跟幾個同事打招呼，然後在接下來的八個小時裡做他不喜歡的工作。工作結束吉米就跳上他的車，開回家需要三十五分鐘（晚上有點塞車）。回家之後，他會和孩子們玩一會兒、和家人一起吃晚飯，然後哄孩子們睡覺，接著花點時間和妻子一起聊聊今天的點滴。然後，吉米會獨自一人坐在沙發上享受一小段慰勞時光。

為什麼他將百分之九十的醒著時間花在做不喜歡的事情上，每天通勤去坐在小隔間裡做不愛的工作？為什麼只用百分之十醒著的時間做他喜歡的事情，例如與孩子、妻子、家人共度時光？

吉米會在每天開車上班時收聽《火力全開的創業家》，這樣才能聽到來賓分享他們最糟糕的創業時刻，以及他們從中學到的教訓。吉米也會慢慢明白，只要有從錯誤中吸取教訓，失敗也沒關係。他也會在開車回家時，聽《火力全開的創業家》，聽到來賓分享他們靈光一現的「叮咚」時刻，這樣他才能了解遠大理想是如何成形，以及如何將這些理想轉化為成功。最後，當吉米在一天結束、躺在沙發上時，他會聆聽我的來賓在「快問快答」中丟出的各種有價值訊息、分享他們最喜歡的書、資源和成功策略等等，而不是將時間虛耗在自怨自艾中。透過向成功和鼓舞人心的企業家學習，吉米將獲得知識和勇氣，實現他的創業躍進，創造財務自由和充實的生活。

吉米是《火力全開的創業家》的完美聽眾。每次我遇到岔路時，都能迅速且自信地知道該選擇的方向。浪費時間、精力和精神來做每一個決定的日子已經不復存在，現在我只需要問自己：「吉米想要什麼？」我的完美聽眾就會提供答案。

節目時間應該多長？不超過二十五分鐘，因為那是吉米的通勤時間。

該節目應該多久更新一次？每天，因為吉米每個工作日都要開車上班，周末去健身房，每周七天都需要靈感。

我應該訪問哪些問題呢？當然是吉米需要答案的問題！

《火力全開的創業家》是為所有想要從成功企業家那裡獲得靈感的人而建立的，但它是特別為吉米這個人打造的。

為什麼很多人不想創造具體的化身？因為他們相信，只要創造出能夠引起所有人共鳴的東西，就能更快速地擴大受眾群體，取得更大的成功。這個信念將把你直接引向失敗之火。沒有化身，你就失去了北極星，深深陷入讓人痛苦和精神倦怠的枝微末節。

如果你試圖與每個人產生共鳴，沒有人會跟你有共鳴。

——約翰・李・杜馬斯

我在寫到這個句子的時候，《火力全開的創業家》的每月收聽人數超過一百萬。你問我每個聽眾都是四十歲的男性、有妻室和兩個孩子、各三歲和五歲嗎？當然不是，我有十歲以下和九十歲以上的聽眾，他們從每一集都能獲得價值。然而，我做出的每一個決定都是有吉米伴隨在側的，這個清晰定位讓《火力全開的創業家》在超過兩千五百集節目中，持續保持領先地位。

多年來《火力全開的創業家》不斷發展，吉米也是如此。你的化身也會進化，但在坐下來製作屬於自己版本的「吉米」前，你會錯過通往非凡成功的平凡之道上的關鍵因素。

吉米，感謝你這些年來的指導，沒有你我做不到。

喬恩・莫羅分享創造化身

不要追逐他人的腳步。做你自己，做自己的事，努力工作。合適的人——那些真正屬於你生活的人——會來找你並停留。——威爾・史密斯

多年來，喬恩已經了解很多關於化身的知識，主要是透過反覆試驗。但剛開始自己的事業時，他把化身概念完全棄置一旁，「我說不出我因此損失了多少錢」。直到開始進行正式研究，並為他遠大理想的化身量身訂製產品後，喬恩才終於成功。

現今，他為數千名顧客提供服務，並在SmartBlogger.com上創造了數百萬美元的收入，一切都是從了解他的三個化身開始。

1. 一個試圖透過建立利基網站、創建課程和產生收入來建立被動收入的人。
2. 一個試圖成為其利基領域影響者、權威和公認領導者的人。

3. 一個想藉寫作賺錢的人。

喬恩相信化身會透過他們正在採取的行動，以及他們試圖完成的事情來定義自己。

你的行為太搶戲，我聽不見你在說什麼。——愛默生

喬恩對「你最大的掙扎是什麼？」這個問題懷有疑問，覺得不夠精確。受眾一定做過某些讓自己很掙扎的事，在喬恩的研究中，百分之八十的客戶都渴望做某件事，但尚未採取行動。所以他認為更好的問題是：

1. 你現在在努力做什麼？
2. 你用你的時間做什麼？
3. 你購買了哪些產品來幫助自己做到這一點？

如果他們沒有購買任何產品，那麼這些就不是認真的，喬恩將他們視為無效化身。為什麼？喬恩認為「試著讓人從口袋掏出第一塊錢」，是件無利可圖的事情；反之，他將注意力轉向那些已經積極投入時間和金錢來追求目標的人。

透過顧客調查收集完上述問題的答案後，喬恩開始進行一對一訪談。他的團隊直接與理想顧客群中的至少十人交談，每場對話都仔細記錄下來，以便他們深入研究結果。

他們在調查中問的問題是：

- 你的平常是怎麼過一天的？
- 你現在處於人生旅途中的什麼位置？
- 你對此有什麼感想？
- 你的家人對此有何看法？
- 你想去哪裡？
- 你為什麼購買那個產品？
- 你希望從中得到什麼？
- 如果你現在要拍攝前後對比的照片，「After」的照片會是什麼樣子？你是乘坐遊艇環遊世界、還是穿著睡衣在家工作？

在這個過程中，目標是盡可能了解你的化身。找出他們除了你之外還會向誰購買產品或服務，你接著該想辦法將他們的注意力全部轉移過來。

喬恩對成功的定義是「吸引你化身更多的注意力，並針對他們的目標付出金錢」。喬恩發現他的化身一開始只是對某件事感興趣，但隨著時間過去會變得越來越複雜。

讓我們以喬恩的第三個化身為例。這個化身是「試圖透過寫作賺錢的人」，以下是介紹：他們發現比起大多數人，自己頗有寫作的天賦，並且聽說過自由作家這個詞，好奇是否可能藉此賺錢。進行網路搜尋之後，他們開始為雜誌和網站撰寫文章，還學習內容行銷、電子郵件行銷、文案寫作等等，順利得到了第一個客戶，成為兼職自由工作者，也有些人成為全職自由工作者。

喬恩發現，在上述情境中，最有價值的人位在旅程的終點，但他們也是人數最少、最難接觸的一群。最初的那些受眾群體則大多了，也代表著最大的潛在收入所在。

用喬恩自己的話來說：「理解金流，理解焦點所在，這就是化身的最終目的。你做得越好，賺的錢就越多，別人就越難與你競爭。」

謝謝你，喬恩．莫羅。

（你可以在SmartBlogger.com上了解更多與喬恩有關的資訊。）

4 選擇你的平台

每當我聽到有人感嘆「人生好難」時，我總是忍不住問：「跟什麼相比？」

——西德尼・哈里斯

原則四　你的平台就是你與世界分享訊息的方法。

我知道人生充滿挑戰，要達到非凡成功很困難，但我們可以選擇自己想要的困難。

不成功很難，靠薪水過日子、勉強糊口很難，一直為錢感到壓力很難，無法好好提供家人朋友支持很難。

何不主動選擇你的困難？

沒錯，通往非凡成功的平凡之道是艱難的。但如果有機會，你會選擇哪種類型的困難？想聽點好消息嗎？這是你的選擇。想聽點更好的消息？你選擇了通向非凡成功的平凡道路。

你旅程的下一步是選擇一個平台。你有你的遠大理想、已經就定位、建立了化身，現在是時候決定哪個平台成為傳遞內容的主要工具。我們有三個主要平台可供選擇：書寫、音頻和影片。

文字

這個平台已經存在很長一段時間了。自從印刷術發明以來（西方大約在西元一四四〇年，亞洲更早），文字就被用來分享思想、觀點和知識。報紙是過去幾百年主要的訊息來源，而到了一九九〇年代和二〇〇〇年代，部落格成為一種流行的形式，大家可以在此分享他們的想法、觀點和知識，無須透過傳統的守門人進行導航。

那些定義出自己的遠大理想、細分市場，並為他們的化身創造出內容的人，已經培養了一批有意義的觀眾。部落格通常設立在某個網站上，許多人藉由Medium、Reddit等平台，或利用Facebook、LinkedIn和Instagram等社交媒體上提供的張貼選項得到成功。

文字內容有其優點：

- 文字容易分享。
- 比起其他類型，許多人更喜歡閱讀文字內容。
- 比起產出音頻或影片，產出文字所帶來的壓力、耗時更少。
- 編輯文字內容比編輯音頻或影片內容更加容易。

但文字內容有其缺點：

- 一段文字內容很難另外應用於其他形式的內容。
- 許多人不喜歡閱讀。
- 文字內容的入門門檻較低，因此每個人都可以這樣做，導致市場非常飽和。

雖然文字不是我的主要平台，但我確實為電子報、部落格文章和社交媒體製作文字內容，同時也發現它是有價值的，而且對我的主要內容平台Podcast提供了額外的補充。

音頻

我在音頻內容的支援下建立了我的媒體帝國。Podcast、廣播和有聲讀物是大眾消費音頻內容的主要方式。二〇一二年，有鑑於自己是狂熱的Podcast消費者，我選擇Podcast作為主要內容平台。

我了解媒體。我喜歡Podcast免費、依據需求和目標導向的內容。我可以選擇自己想聽更多的特定主題，並在我方便的時候聆聽，而且不需要花一分錢。你怎麼能不愛呢？

另外，我喜歡自己可以在做其他事情時聆聽Podcast，開車、遛狗、去健身房、洗碗等等。它將平凡的工作變成可以娛樂我並增加知識的機會。我開始將自己的通勤時間稱為「汽車大學」，不再擔憂交通壅塞。因此當我需要選擇平台時，我理所當然地全力投入音頻領域。

Podcast有其優點：

- 大家可以一邊做其他事情一邊聆聽，可說是最棒的「多工」。
- 免費。
- 隨你的需求應變，可以想聽的時候再聽。
- 目標導向。市面上的Podcast有數以百計的主要類別和次要類別，你一定可以找到聚焦在自己有興趣的特定主題的節目。

Podcast有其缺點：

- 提供一股親密感，因為人類都會被聲音吸引。

- 有時候聽眾會想要或需要看到畫面呈現。
- 有些人就是不喜歡用聽覺來接收內容。
- 入門門檻只能算中等，市場也因此偏向飽和。

影片

人類天生就是視覺動物，我們這一生都會對周圍世界產生感知和反應。影片在許多面向來說是一個完美的平台，你能將音頻和文字整合起來，但影片唯一的缺點是需要你的注意力，這使得任何形式的多工處理都變得困難。

影片的好處很多，你可以在創造好一個內容之後，將其發送到每個可用的平台。比方說，你製作了一支十五分鐘的影片來說明為什麼間歇性禁食很有益，這支影片可以發布到YouTube、Facebook、IGTV、LinkedIn以及其他眾多的影片平台。

接下來，你可以剪輯出一分鐘的精華版，作為Instagram的貼文和限時動態、Facebook限時動態，或是發到Snapchat等其他短影片平台，藉此吸引觀眾觀看完整版影片。

然後，你可以從影片中擷取音頻，打造成Podcast節目，還可以把影片腳本改寫成文字貼文。這是跨平台重複利用內容的終極形式，讓你的觀眾能以他們最喜歡的方式消費你的內容。

如你所見，影片有很多用途。有鑑於影片具有如此大的靈活性，你可能會想知道為什麼我選擇建立純音頻的Podcast，我會在本章後續段落詳細分享我的理由。

影片有其優點：

- 人類天生就是視覺動物，喜歡影片提供的視覺刺激。
- 通常是免費的。
- 觀眾可以依據個人需要暫停觀看，並在適合的時間再繼續播放。
- 目標導向。你可以觀看有興趣的特定主題影片。
- 容易分享。
- 擁有最強大的再利用能力。

影片有其缺點：

- 製作高品質影片需要大量準備工作：燈光、相機、服裝等。
- 製作專業影片的成本很高。
- 製作專業影片非常耗時。
- 觀眾無法在觀看影片時，有建設性地同時進行多工任務。

● 入門門檻只能算中等（任何有智慧型手機的人都可以做），這導致了市場飽和。

在上一章中，你創造了化身，而在選擇平台時，必須選擇你的化身想要的平台。通往非凡成功的平凡之道是一段艱難的旅程，但路途很明確。選擇一個平台並全力以赴，盡可能製作最好的內容。

《火力全開的創業家》是如何誕生

我在選擇專攻平台時，需要自問的問題很明顯：「吉米想要什麼？」吉米想聽世界上最鼓舞人心的企業家分享他們的故事，他會在上下班途中、去健身房和遛狗時吸收這些故事。進行這些活動時，他不方便觀看影片或閱讀部落格文章，但是可以聽聲音，因此只有一個平台可供選擇：Podcast。

我是一個狂熱的Podcast聽眾，深深愛上了這種媒體。我了解聲音的力量，也了解Podcast的三大特點：免費、可配合個人需求、目標導向的內容。

免費：誰不喜歡免費的東西？Podcast正是一種免費消費優質內容的方式。

可配合個人需求：Podcast能讓你選擇合適的時間收聽。

目標導向：你可以選擇播放哪個Podcast，選擇權在你。

製作每日Podcast是艱鉅的任務，但我知道自己必須創造出吉米正在尋找的解決方案。所以，我決定聚焦在此，遵循航線航行直到成功為止。Podcast是我的化身需要的平台，我決定全力以赴。

走上非凡成功之道的《火力全開的創業家》企業家案例

萊斯利．山謬分享關於選擇你的平台

平台很簡單，它就是讓你站在上面發聲的地方，就是你的舞台。但與劇院的舞台不同，今日的平台不是用木頭或混凝土建造的，也不是位在長滿青草的山丘上。今日的平台是由人們搭建完成。人脈、關係、追隨者。——麥可．海亞特

二〇〇八年時，萊斯利是一名高中科學和數學老師。他工作時間很長、工

資很低。萊斯利有極大的目標、遠大的抱負和實現的毅力，但以他目前的收入水準，在獲得想要的財務成功之前早就垂垂老矣。是時候讓自己掌握一切了。

萊斯利開始在網路上閒逛，尋找賺取額外收入的方法。在了解「聯盟行銷」之後，萊斯利決定這就是他的道路。（我也會在第十六章中更詳細地解釋「聯盟行銷」。）在網路上搜尋、了解更多有關這個流程的資訊後，萊斯利找到一個專門討論聯盟會員優惠和策略的論壇。他花了數小時閱讀內容並應用策略，然後改變出現了——二〇〇八年一月十八日，他賺到了第一筆收入，七十美元。

好極了，聯盟行銷真的奏效了！

雖然不多，但這是一個好的開始，讓萊斯利明白自己做得到。他繼續在論壇上投入大量時間，並發現幾件事：第一，大家一直在問相同的問題。第二，他現在已經知道多數人問題的答案。

萊斯利開始以「成為一個有價值的人」為宗旨來進行工作。他每天花幾個小時回答大家的問題，引導他們走向正確的方向，然後有趣的事情發生了，他的收入開始增加，一路攀升。

萊斯利免費提供這麼多有價值的內容，讓受惠者相當感激，也想要回報，因此會使用他的優惠連結購買產品和服務。

萊斯利在論壇上加倍努力，認真到像瘋了一樣。隨著對聯盟行銷的知識和理解日益增長，他總是跳出來回答問題，並提供越來越多價值。

後來，萊斯利偶然發現了一本關於部落客的電子書，他一口氣讀完之後，豁然開朗。萊斯利之前是每天泡在論壇上花費大量時間，反覆回答相同的問題，這方法可行，但是只要他不再那麼活躍，收入就會下降。這本電子書說服他「部落格」才是解決方案，萊斯利可以在部落格上撰寫詳細且高品質的文章，詳細回答大家每天在論壇中提出的問題。

現在他不必每天都做一樣的事情，而是可以將這些人引導到自己的部落格，在那裡得到問題的最佳答案，並發現萊斯利產出的其他內容。萊斯利將這個計畫付諸實現後，另一個好處就出現了：谷歌的演算法相當偏愛他的部落格，會將他的文章視為最佳搜尋結果，因此只要有人搜索「聯盟行銷」，就會看到他的部落格。

現在，萊斯利用少少的工作量獲得了更多流量，還可以離開網路幾天好好充電，不用擔心收入會變少，因為大家不斷地找到他的部落格，也會使用他的聯盟優惠服務。萊斯利還在部落格添加了電子報功能，並開始利用Podcast、YouTube和社交媒體等其他平台來吸引更多的受眾。這個部落格就是他的「行動呼籲」（譯

註：Call to Action，簡稱CTA，指透過文字、圖片刺激消費者進行特定行動，例如馬上加入會員、立即訂購等），是安放所有高品質文章的地方，也包含了聯盟行銷產品的連結。

萊斯利逐漸在他一系列的服務中，添加了課程、諮詢和指導等項目，迅速成為建構成功部落格的公認領導者。套句萊斯利自己的話：「一切都始於在我的部落格上創造內容，為我的受眾提供價值，幫助他們踏上創業之旅。」

萊斯利選擇了自己的平台，成為公認的領袖。現在該來選擇你自己的了。

謝謝你，萊斯利．山謬。

（你可以在IAmLeslieSamuel.com上了解更多與萊斯利有關的資訊。）

5
找到你的導師

導師是能讓你看到自己內心希望的人。——歐普拉・溫芙蕾

原則五
你當前最理想的導師就是你一年後想成為的人。

導師是你通往非凡成功的平凡之道上的重要元素，不幸的是，大多數人未能找到一個完美的導師。為什麼呢？他們沒有在對的地方尋找。

如果我街訪路人誰是他們的完美導師，會聽到理查・布蘭森、馬克・庫班和芭芭拉・柯克蘭等許多其他備受矚目、億萬富翁的名字。我會回應道：「噢，所以你想開一家唱片行？」（這是理查・布蘭森賺到第一個百萬的方法），或者「噢，所以你想為最喜歡的運動隊伍打造聲音串流服務？」（這是馬克・庫班賺到他第一個百萬的方法），或者「噢，所以你想在曼哈頓建立房地產帝國？」（這是芭芭拉・柯克蘭賺到她的第一個百萬的方法）。

你應該不難想像，回應我的通常是茫然的目光。

我的觀點很簡單。你完美的導師應該要是你想在一年後成為的人，沒人可以在一年後成為理查·布蘭森、馬克·庫班和芭芭拉·柯克蘭那樣的人。那種程度的成功需要時間。

二〇一二年，我想成為成功的商業Podcast主持人，因此尋找並聘請了一位導師，她成為相當成功的商業Podcast主持人已經有一年左右了（稍後會詳細介紹）。

用這種方法尋找導師的好處是，你可以向最近才完成你預期目標的人學習，這能確保他們的建議是有價值且跟你的狀況相關。他們會知道你得避免哪些陷阱、知道哪裡可以走捷徑、哪些活動該跳過。他們能夠介紹你相關行業中的人脈，並推薦你該參加哪些的活動和工作坊。合適的導師會讓你朝著正確的方向前進，同時確保你打下穩固的基礎。

那麼，要如何找到一位完美導師呢？首先，請準確寫出一年後你想達到的目標。

- 你創造了什麼？
- 你的日常生活是什麼樣子？
- 你為誰服務？
- 你每月產生多少收入？

● 你目前在進行什麼類型的專案？

等你清楚了解自己一年後想要抵達的地方，就該來尋找完美導師了。你的導師目前正位在你希望自己一年後到達的位置，因此請你列出符合這些標準的五個人。

你有自己的遠大理想，理解利基市場和化身，選擇了你的平台，現在請去尋找那些在該領域大獲成功的人。列出清單後，請訂閱每位導師製作的內容，例如Podcast、Vlog、部落格、電子報和社交媒體等。

每天留點時間吸收每位潛在導師創造的所有內容，並且發表評論、與他人分享這些內容、傳訊息給潛在導師們。在接下來的十天內，你的工作是盡可能地了解每位潛在導師，讓他們有機會看到你正在參與他們的內容。當你花了十天與他們的內容互動後，請讓直覺引導你做出選擇。

你應該會發現自己特別受到其中一、兩位潛在導師創造和傳遞的內容吸引。到第十天，你應該能夠清楚列出完美導師的優先順序。這五個人都可能是優秀的導師，但你不妨從位居榜首的完美導師開始詢問。

你可以透過電子郵件、填寫他們的聯繫表單、透過社交媒體直接發送訊息，或者使用其他方法與他們聯繫。這並不容易，但可以把它當成一個遊戲，在嘗試讓潛在導師閱讀你的訊息時，也要玩得開心。

以下是一則示範訊息：

嗨，史黛西！

我的名字是約翰，我真的很欽佩您所獲得的成功。在過去幾周裡，我一直認真在看您的所有創作內容，真的引起我很大的共鳴！我特別喜歡您最近對丹的採訪，這讓我看到了新的機會！

我傳這則訊息給您的原因是……我的目標是想要達到像您這樣的成功和生活品質水準，我願意為達成這個目標而努力。

我注意到您有在指導其他人，如果您願意，我已經準備好投入我的時間、精力和金錢到您的指導計畫中。

我的目標是成為您最優秀、成功的學員，希望您能給我這個機會。

期待很快收到您的回覆，讓我們開始這段旅程。走向成功並超越！

約翰 敬上

多年來，我自己收過形形色色的指導要求，可以向你保證，上述訊息會引起你完美導師的共鳴。希望他們會被你的訊息感動，並開始提供指導。如果沒有，請繼續詢問你的下一個候選人，直到有人說出「好的」為止。找到完美的導師後，請相信他們的課程系統並遵循指導。

我的導師故事

我的遠大理想是推出一個Podcast，採訪世界上最成功的企業家。我的利基是每周七天做這件事。我透過了我的化身選定Podcast為固定平台。現在下一步是什麼？尋找並聘請我的完美導師！首先，我得回答一些問題。

在一年後的今天——

- **我創造了什麼？**採訪世界上最成功企業家的每日Podcast。我將擁有三百六十五集節目、不斷增長的聽眾人數，以及支持我的生意和生活的多樣收入來源。
- **我每天都在做什麼？**我的日常工作將包括確認節目嘉賓、進行採訪、與聽眾互動和提供他們價值，以及管理我的團隊。我還將專注於尋找新機會來擴大和發展《火力全開的創業家》。

- **我為誰服務？**我為那些正在尋找能夠幫助他們開啟創業之旅內容的人提供服務。《火力全開的創業家》將為聽眾提供創造財務自由和充實生活所需的策略和手法。
- **我每月產生多少收入？**我將透過至少三個收入來源，每月獲得五到八千美元。
- **我目前正在進行哪些專案？**我將開啟小組輔導計畫，與那些剛剛起步的人分享我在過去一年中獲得的知識。

既然我知道從今天起一年之後，自己想成為什麼樣的人，我便在Apple Podcasts中搜尋商業類別，列出了二十個節目，它們都在經營我接下來一年內想經營的業務類型。我造訪每位主持人的網站，研究他們的商業模式，並將我的名單逐步篩選到五位。

接下來的一周中，我對五位決賽選手分別進行了深入研究。我聆聽他們的Podcast、在社交媒體關注他們、訂閱電子報。我記下了特別喜歡的Podcast集數，以便日後參考。我也確認自己有按讚、評論和分享他們的社交媒體文章，並且用「感謝」和「這是我最大的收穫」等話語來回應他們的電子報。

這些都是大量的工作，但我知道自己這只辛苦一個星期而已，這都是為了決定我該將血汗錢投資給誰，要與誰共度寶貴的時間，好替我的成功奠定基礎。到了第七天，我已經按照優先順序列出五位潛在導師，排名第一的是詹咪．麥斯特斯（Jaime Masters），她是位成功的商業Podcast主持人。

她經營Podcast一年多了，節目名稱為《最終的百萬富翁》（The Eventual Millionaire）。她之所以成為我的優先選擇有幾個原因。由於她的節目才經營一年多，這表示她對Podcast創立初始階段的事務仍然相當熟悉，我也相信她能針對一個新創的節目提供非常中肯和及時的建議。另一個好處是，我們都住在緬因州，希望這能讓我們有機會親自面談，一起制定我的商業策略。

我到現在都還記得聯繫詹咪時有多緊張。我知道她是我夢寐以求的導師，如果她拒絕的話我會很傷心。我克服了恐懼，寫了第一封電子郵件給她。

嗨，詹咪！

我的名字是約翰，我真的很欽佩您所取得的成功。在過去的幾周裡，我一直在閱覽和收聽您的所有創作內容，真的引起我很大的共鳴！我特別喜歡您最近採訪M．J．德馬克的那一集，它讓我看到了新的機會！

我傳訊息給您的原因是……您的Podcast之旅已經持續一年了，從今天起的一年之後，我想也達到您現在的位置。

我的目標是想要達到像您這樣的成功和生活品質水準，我願意為達成這個目標而努力。

我注意到您有在指導其他人，如果您願意，我已經準備好投入我的時間、精力和金錢到您的指導計畫中。我的目標是有一天成為您最優秀的成功學員，希望您能給我這個機會。

另外，我也是緬因人，所以我們都生活在同一個很棒的州！期待很快收到您的回覆，讓我們開始這段旅程。

走向成功並超越！

約翰 敬上

PS 這是我在您的 Podcast 上留下五星評論的截圖，您真的是一位很棒的主持人！

我後來的確成為詹咪最棒的成功學員。重讀這封電子郵件讓我感到全身起雞皮疙瘩，彷彿回到我寫下這些話的那一天。那時我對未來會發生什麼事一無所知，我懷著極大的不安將郵件傳了出去，告訴自己大概至少要耐心等個一周，讓詹咪有時間回覆。

我並不算是很有耐心的人，所以知道等待的過程對自己來說會很艱難，但我已經花了很長一段時間，想要組建一支夢幻隊伍來幫助我實現目標和抱負。那天晚上，我臉上帶著微笑睡著了，對即將到來的事情抱持成就感和希望。

大約凌晨三點左右，我因為口渴醒來，於是把手機當成手電筒用，走到廚房倒了一杯水來喝。我決定順便看一下電子郵件，令人震驚的是，我收到了來自詹咪的回覆！

嗨，約翰，

謝謝你的關注和美言。

我有認出你的名字，因為你一直有在我的社交媒體貼文和Podcast節目留下評論。謝謝你！我很樂意和你通個電話並討論我的指導計畫。

我在六月有一個空檔，如果我們討論之後覺得彼此很適合，可以從那時開始。

明天美國東部時間下午兩點你方便嗎？

希望很快能跟你聊聊！

詹咪

我忍不住揮拳慶祝！一周辛勤地做功課真的得到回報了：我確認了自己的夢想導師是誰，透過電子郵件發送了我的請求，看起來我們將在下周開始合作。

我非常感謝自己訂閱了她的Podcast和電子報，並在社交媒體上追蹤她的發文。我的評論、分享和回覆都沒有被忽視，第一印象讓她很快同意與我合作，免去了冗長的篩選過程。經過第二天雙方愉快的交談之後，我當場承諾接受她為期三個月的指導，就從六月一日開始。

我們約好在星巴克見面，面對面開始第一次的指導。詹咪也先派給我一些作業，為我們的第一堂課做好準備，我不會讓她失望的。「擁有導師」所帶來的責任已經出現了。

六月一日很快就到了，我走進星巴克時發現自己很緊張。幾個月來我一直在聽詹咪的Podcast，覺得自己好像認識她，但我很清楚，除了幾次電子郵件交流和一通電話，她並不認識我。我點了咖啡，找了個座位，等待詹咪到來。

幾分鐘後，詹咪走了進來——一位專業的商業Podcast主持人走進緬因州南部的一家星巴克。在簡短打過招呼並交流了一些細節之後，一個念頭飄過我的腦海：詹咪也只是一個普通人，不過一年多前，她從亞馬遜買了一支七十美元的麥克風，然後插入電腦，並按下錄音按鈕。

當然，事實絕對是要更複雜一些，但是發現這名我仰慕已久的主持人是個腳踏實地、善良、有趣的人，還是覺得很欣慰。這讓我更相信自己可以做到跟她一樣。詹咪一年前的情況和我今天完全一樣：考慮開始經營Podcast，但不確定會發生什麼事，看看她現在的地位！

天空才是極限，我受到很大的激勵。

在接下來的幾個月裡，詹咪提供的指導完全符合我的預期。她提供了我應該關注的方向、要在嚴格期限內完成的小專案。她為我引介平面設計師、網路開發人員和其他獨立承包商，幫助我的品牌和網站動起來。

她還堅持要我參加在紐約舉行「部落格世界」活動。這是我在創業領域的第一次活動，非常緊張。然而，詹咪把我介紹給她的朋友，他們都是這場活動的講者，也是成功的企業家。儘管我的Podcast還沒有推出，她仍大力推薦這些創業家成為我的節目嘉賓，基於與詹咪之間的友誼和信任，他們都同意了。

我也遇到其他很多同意成為未來嘉賓的人，許多人會在未來幾年成為我的好友。回到家之後，我比以往任何時候都更有活力，這些新的人脈讓我終於覺得自己進入了想要進入的行業，並與欽佩的人建立起關係，同時心懷足以撼動Podcast領域並為世人提供巨大價值的想法。

但我仍然有一個大問題，要為Podcast取什麼名字？我希望這個名字能喚起自己對正在創作的節目的熱情，也希望讓人一聽到就立刻知道這個節目在講什麼。

我的導師再一次出手相救。她問我品牌中不可妥協的部分是什麼？我想了想，回答：「因為我每天都要採訪世界上最鼓舞人心的創業家，所以標題中必須要有創業家這個詞。」

詹咪告訴我，就讓這個詞在腦海裡環繞幾天，等我看到或聽到的某個帶來靈感的想法時，可能就會想出Podcast的名稱了。我半信半疑，但還是同意她的建議。

一切來得很快。那天晚上，我一邊疊衣服、一邊聽ESPN體育中心的節目。知名主播斯圖爾特．斯科特正在點評邁阿密熱火隊和波士頓凱爾特人隊比賽的精華片段。身為凱爾特人隊的球迷，我聽得比平時更仔細，不幸的是，這晚不是凱爾特人隊的局，因為「小皇帝」詹姆斯銳不可當，在禁區內轟進了每一球。

然後，斯圖爾特．斯科特說的話讓我停下疊衣服的動作：「詹姆斯令人無法忽視，各位女士、先生；他火力全開（He's on fire）！」

就是這個。

「火力全開」表示你正在完成某事，而且在區域內無人能敵。這正是我想要採訪的人——那些優秀的創業家都可以說是火力全開。我想像未來聽眾在瀏覽Apple Podcast，一看到「火力全開的創業家」這個名字，就知道這是他們正在尋找的節目。他們想向這些企業家學習，期待有一天自己也能成為一名火力全開的企業家。

不過我馬上擔心起來：這個名字太好太完美了，一定已經有其他公司在用了。我著手上網拜訪Go Daddy（網域註冊代管網站），顫抖著手輸入「EntrepreneursOnFire.com」，然後按下輸入鍵。我見過最感人的話出現在螢幕上：此網域名稱可使用。成功了！我找到了Podcast的名字，品牌焦點以及我未來的方向。我火力全開啊！

接下來的兩個月一眨眼就過去了。每周與詹咪的見面幫助我走在正軌上，節目和品牌規畫都有所進展。我每天都在研究網站、社交媒體和Podcast的技巧，並且安排、錄製和剪輯了前四十集Podcast節目。

我將上市日期定為二〇一二年八月十五日，有太多的事情要做，待辦事項清單似乎從未縮減。上市日不知不覺間就到了，我在八月十五日起床之後只有一項任務：將《火力全開的創業家》提交給Apple Podcasts，它擁有最齊全多樣的Podcast節目。

然而，我不知道為什麼嚇到動彈不得。我一直以「這個世界需要每天更新的企業家採訪Podcast」為前提進行，我知道這是一個自己會聽的節目，但其他人真的會有興趣嗎？壓抑了幾個月的疑慮和恐懼都開始浮出水面。

如果我不夠好怎麼辦？如果大家嘲笑我的節目、經驗不足、笨拙的採訪風格，怎麼辦？萬一又有什麼萬一呢？

最大的萬一是什麼？如果這行不通，怎麼辦？繼續活在「Podcast上架前」的世界裡真是太舒適了。這個節目可能行不通，也可能行得通，無論是何者，在上架之前，你所懷抱的希望和夢想都不會破滅。這個階段你不可能獲得真正的成功，但也不會一敗塗地。

所以，我做了大多數創業者會做的事情，想出一些蹩腳的藉口來解釋為什麼自己不得不延後上市。我告訴詹咪的時候，她很驚訝，但那個藉口還勉強可信，所以她多給了我一點時間，同時也告誡我不要延後超過兩周。

兩周後，我又來了——恐懼再次勝出，我懇求詹咪再給我兩周的時間。

她同意了，我繼續回去「完善我的品牌」……但這其實是浪費時間做無關緊要的事情的另一種說法。

不知不覺中，時間來到二〇一二年九月十五日。距離我原定要上架的時間又過了四個星期，我現在打出這幾個字都自慚形穢，但那時的我做了件意想不到的事：繼續延後兩周。

幸運的是，那時詹咪正在度假，我以為自己逃過了一劫。好極了，還有兩周的時間！又有兩周讓我假裝在為品牌增加價值，實際上卻是因為害怕失敗而懦弱地不敢踏出那一步。

九月二十日時，我的電話響了——是詹咪，我們的談話如下：

「嗨，詹咪！希望妳的假期過得愉快！我一直在努力將網站側邊的欄位從左側移到右側，但我後來覺得還是移回左側比較好。妳覺得呢？」

「約翰，我只說一次，就一次。如果你今天還是拖拖拉拉、不肯上架Podcast的話，我要開除你！」

聽到這句話讓我的下巴掉到地上（雖然這形容並不足以表達我當下的震驚）。詹咪的指導總是很嚴格堅定，但這次可說是很嚴厲了！我還是很害怕面對上架Podcast這件事，然而更害怕失去詹咪這位導師。她的威脅是非常認真的，她厭倦了我蹩腳的藉口。

我也受夠了自己的蹩腳藉口，但需要有人把我踹去行動。我不記得我們的對話是如何結束的，但只記得一點：我在二〇二二年九月二十日推出了我的Podcast，接下來的故事你們都知道了。

走上非凡成功之道的《火力全開的創業家》企業家案例

肖恩・史蒂芬森分享尋找你的導師

導師是在你身上看到比你自己所見更多的才華和能力的人，並幫助你把它帶出來。——包柏・普克特

肖恩是一家健身房的教練和營養師，樂於幫助顧客改善他們的健康狀況。有天他發現自己想幫助更多的人、改變更多的人生。肖恩知道實現這個目標的

方法是透過網路，但不知道從哪裡著手。然後，他看到了東尼·羅賓斯（Tony Robbins）提供的「新金錢大師」（New Money Masters）課程。

這似乎是在他生命中完美時間點出現的完美課程。肖恩早在多年前閱讀東尼·羅賓斯的《喚醒心中的巨人》一書時，就已經得到了龐大價值。對肖恩來說，東尼所推出的著作、課程都是有品質保證的。他信任東尼的聲譽，尊重他在個人發展領域的權威，欽佩他帶來的體驗。

肖恩認真學習東尼的課程，並了解到成為自己商品的大師有其重要性。透過日復一日地練習，東尼成為個人發展大師；肖恩努力在營養學方面效仿他。肖恩在幾年裡花了一萬多個小時成為營養學大師，現在是向世界分享他專業知識的好時機。肖恩開始經營Podcast、寫了一本書，並每天在社交媒體上分享有價值的內容。接著，他在事業面臨轉捩點時，在自家健身房遇到了下一位導師。

肯·巴爾克那時七十七歲，是非常成功的企業家，一生賺了數百萬，但他的身體健康逐漸崩壞。肖恩評估後為肯制定了一套養生計畫，結果證明這正是肯在尋找的神奇療法，他也因此成為肖恩·史蒂芬森的死忠粉絲。

肖恩知道他在自己的專業領域為肯提供了龐大價值，希望能反過來借助肯的一些幫助。肖恩的金融素養很弱，雖然他正在經營一家堪稱成功的企業，但一絲不苟並不是肖恩的強項。肯非常樂意效勞。

在肯參與之前，肖恩其實擁有等同於商業金融碩士學位。然而肯讓肖恩從頭開始，逐漸成長。他教導肖恩投資人際關係、設定適當的目標和周、月和年計畫的重要性。這是難得的大師指導，肖恩也充分把握機會。

用肖恩自己的話來說：「我篤信的原則是不要太少、不要太多，適量就好。不要只與一位大師聯繫，在生活的不同領域都會有導師。你崇拜的任何人都可以成為你的導師，只要時機成熟，下一位導師就會出現。」

誰是你欣賞的對象？今天誰可以成為你的導師？採取行動吧！

（你可以在TheModelHealthShow.com上了解更多與肖恩有關的資訊。）

6 加入或打造智囊團

你現階段花最多時間相處的五個人平均起來成為當下的你。

——吉姆．羅恩（Jim Rohn）

在每一集《火力全開的創業家》結尾，我都會分享這句話。在我創業的這些年裡，實在想不出比這更真切的事實了。與你相處時間最多的五個人是誰？無論好壞，你就是這些人的平均值。然而，對大多數人來說，往往都是朝向不好的方向。

如果你想改變生活，就得改變身處的環境。你買這本書不會是因為你對自己的生活全然滿意，而是想與我們一起踏上通往非凡成功的平凡之道。

平凡之道是有挑戰性的。

我毫不懷疑你深愛著家人。我相信你有一些朋友，你們親近多年，甚至有幾十年的友誼。你的哪一位家人提升了你的水準？請與他們多多接觸。你的哪些朋友提升了你的水準？也請多多跟他們親近。

不過，你最常相處的五個人中，誰是一直潑你冷水的人？誰是過一天算一天？如果你想讓他們留在生活中也沒關係，但是如果你想要獲得非凡成功，他們就不能位居前五名內。你當然可以成為他們的垃圾桶，每天聽他們抱怨生活有多艱難、老闆有多不公平、自己多疲倦和沮喪，如此一來，你永遠不可能獲得非凡成功。

為了獲得非凡成功，你必須花時間與那些啟發、激勵你的人一起研究你的遠大理想。那麼，要如何才能夠與激勵自己的人相處呢？你可以打造一個智囊團。

我所指的智囊團是指同儕智囊團（在接下來的範例中，你會看到其他幾種類型，但你應該從這一類開始嘗試）。它由三個或四個人組成，不多也不少，智囊團每周會碰面一小時，而且有嚴格的出勤規定。如果有人無法保證自己的出席率至少有百分之九十五，那麼就不適合成為你的智囊團一份子。

每次會議一開始，先請每個人各花五分鐘分享自己本周最大的成功，以及所吸取的教訓開始。接下來，請計時三十分鐘，選一位成員坐在「主位」上，跟大家分享自己目前最大的困難和希望團隊能提供什麼協助，並且與其他成員進行更深入的討論、聆聽他們的建議。每次會議的都要更換坐「主位」的人，請確保每個人至少每隔三到四個星期就能輪到一次。

這三十分鐘結束之後，還要有十分鐘的解結時間，請每個成員都分享一個預計在下周會議之前完成的大目標。

上述會議流程簡單、有效而且功能強大。當你與認識的人、喜歡的人和相互信任的人組成智囊團時，那股支持感、責任感和共享知識的感覺非常棒。

你自己一個人單打獨鬥時，很容易敗給拖延症，但如果每周有兩、三位你尊敬的人督促你要對自己負責時，工作效率就會飆升。你不想讓他們失望，因此會完成許多很棒的事情。

那麼，要在哪裡可以找到組成智囊團的那兩、三個關鍵之人呢？我建議你找那些與你處於相似位置的人，他們在創業路上也許稍微領先或落後你一點，但重點是找到有動力、積極並準備好在「生活的雲霄飛車」上支持你的人。

智囊團將是你通往非凡成功之路的關鍵環節，因此，請務必認真選擇。一旦你找到了智囊團，請按照前面所述的流程執行。

我的智囊團故事

我要和你分享三個智囊團故事。第一個來自我加入的第一個付費智囊團，而第二個類似我前面鼓勵你打造的智囊團。

智囊團故事＃1

我還記得那天是二〇一二年七月十五日。過去一個多月在詹咪的指導下，一切進展順利，我們每周都開會，我有了進展，但總覺得少了點什麼。

我需要與其他有相似經歷的創業家建立聯繫。我需要從那些懷有同樣疑慮、恐懼、希望和抱負的人身上找到想法，我需要成為智囊團的一部分。

就像生活中的許多事情一樣，當你開始尋找某樣東西時，它就會自己找上你。我每天散步時都在聽克里夫．雷文史卡夫特（Cliff Ravenscraft）的節目《Podcast知識家》（The Podcast Answer Man）。他把自己塑造為Podcast界的領導者。克里夫所獲得的成功和認可都是名符其實的，因為他在指導別人關於Podcast這一行時，不僅知識淵博、慷慨大方而且善良。我很欣賞克里夫並收聽了他分享的所有內容——包括免費和付費的。

克里夫正在這一集的節目中談論如何吸引Podcast聽眾。我很喜歡這些內容，在心裡認真做筆記，很高興自己在回家之後，就能馬上應用到即將更新的Podcast節目裡。在節目的結尾，克里夫分享他最近開始帶領十個各由十人組成的Podcast智囊團。小組每周都會與克里夫會面，他會提供必要的支援和指導，盡可能提高組員Podcast的成功率。

光是這些說明就已經讓我很心動了，但克里夫接著闡述智囊團真正的力量所在。他說，雖然我們每周都可以透過與他直接討論而受益匪淺，但真正的好處是來自小組其他九名成員的共同支持和學習。我必須承認最初想加入智囊團，是看中能夠直接接受克里夫的指導，但聽到他描述的額外好處，讓我茅塞頓開。

頓時，我看到了社團的強大，氣勢磅礡。

我減少了今天的散步時間，趕著在智囊團額滿之前回家報名。克里夫甚至沒有提到價格，但這並不重要，因為無論價格如何我都會加入，因為我知道會獲得令人難以置信的巨大收穫。

回到家打開報名網頁，我看到智囊團一年要價三千五百美元。這是一筆可觀的費用，我平常對於運用手上剩餘的資金非常謹慎，因為短時間內還無法透過《火力全開的創業家》產生收入，但是這一次我沒有猶豫。

這個智囊團正是我所需要的，我知道這是必須對自己進行的一項投資，而在接下來的十二個月裡，事實證明我的直覺是對的。我從未錯過任何一次周會，除了有機會更深入地認識克里夫，我也能協助其他九位團員將Podcast發展為蓬勃事業。這三千五百美元是我有史以來最棒的投資之一。

我還要再分享一個小故事，說明成為克里夫智囊團的一份子有多大的好處。

時間回到二〇一二年十二月，《火力全開的創業家》已經上線三個月，我發布超過七十五集節目，也在克里夫的智囊團裡待了五個月，我們順利建立起友誼。當《火力全開的創業家》衝破門檻時，他都會為我感到高興。他也鼓勵我參加新媒體博覽會，這個博覽會將於二〇一三年一月在拉斯維加斯舉行。克里夫負責Podcast領域的活動，對於與會陣容非常興奮；我也買了票準備出發。

大約在活動開始前三周，克里夫發了一封電子郵件給我，永遠改變了我Podcast生涯的歷程。

「JLD，希望你一切都好。我們有一名講者臨時退出，他的題目是關於如何開始製作Podcast，你能代替他上台嗎？」

我毫不猶豫地答應：「這是我的榮幸。」

就這樣，我前往拉斯維加斯，不單只是以與會者的身分，還是主舞台講者！這件事棒到難以置信，在那些「講者專屬」的派對、活動和休息室，我可以近距離接觸到其他講者。我不是成千上萬的普通參加者之一，而是少數的講者之一。此外，當時Podcast主題的講者人數可說是非常稀少，我被視為這個領域的「網紅」。在活動期間，我與其他有影響力的人建立了牢固的關係，回家之後，對於經營《火力全開的創業家》這個節目，我覺得自己朝著正確的方向邁出了一大步。

這次的經驗在後續幾年裡，為我帶來了更多演講機會，並幫助我推出了成功的社群「播客天堂」。如果當初我沒有投資自己、加入克里夫的智囊團、證明自己致力於讓《火力全開的創業家》成功，就不會有機會在新媒體博覽會的舞台上演講。

克里夫給了我這個機會，我將永遠感激。

智囊團故事＃2

我想分享的第二個故事，是我和另外兩個朋友組成的智囊團。這就是我在這一章前面所描述的那種智囊團，強力建議每個人都要參加。

這個智囊團包括瑞克．莫里迪和格雷格．希克曼。瑞克是線上行銷領域的權威人物，而格雷格幫助經銷商發展業務。

每周我們都會見面一個小時，在前十五分鐘，我們每個人花五分鐘分享本周最大的勝利和經驗教訓。接下來，我們將計時器設定為三十分鐘，由當周負責坐

「主位」的人跟另外兩個人分享目前最大的掙扎，大家進行更進一步的討論。最後十五分鐘則是分享每個人將在下周完成的目標。

我們不會取消會議，也會保持聯繫，確保大家都有按部就班執行每周目標。我也因此能完成一些本來會拖延的專案，因為不想在智囊團會議上承認這樣的失敗。這種友好而嚴肅的特殊問責制，是取得持續成功的關鍵，它把我們所有人推到了遠比獨自可以達到的位置。

一個對的智囊團會有一股特殊的力量，多年來，格雷格和瑞克一直都是我的智囊團家人。

我們每年進行兩次「智囊團旅遊」，這些旅行讓我們成為更親密的朋友，也讓大家有些值得期待的事情。每次旅行，我們都會邀請一位非常欽佩且認為非常合適的企業家一起參與。我最美好的回憶之一是一趟舊金山之旅，我聯繫了住在舊金山的提摩西．費里斯，邀請他參加我們為期四小時的馬拉松智囊團會議。

他答應了，我決定對另外兩人保密這件事，當成驚喜。我們開始四小時的會議時，門鈴響了，其他人都很困惑來訪者是誰。等我打開門、提摩西走進來時，我永遠不會忘記他們臉上的表情。

「大家，向提摩西．費里斯問好！」

他們的下巴都掉到地上。提摩西的書《一週工作4小時》對我們所有人產生了深遠的影響，大家都將提摩西視為創業家的表率。迅速恢復鎮定之後，我們進行了一次超酷的智囊團會議，提摩西最後帶我們出去吃晚餐和喝酒。這是一個神奇的夜晚，再次展示了智囊團的力量。

智囊團故事＃3

最後一個關於智囊團的故事是「火力幫菁英班」（Fire Nation Elite）的故事。

在《火力全開的創業家》推出約十八個月後，我一直在尋找另一個收入來源。我詢問聽眾他們最大的掙扎是什麼，壓倒性的回應是：他們希望自己能完成更多目標，也需要更多的社群參與感——創業不僅辛苦，而且孤獨。

那時我決定創建名為「火力幫菁英班」的百人智囊團。一百是很大的數字，我必須確保自己沒有錯估情勢。我發了一封電子郵件給聽眾，同時在《火力全開的創業家》上宣布這個消息。我寄了報名網頁給感興趣的人，上面請他們填寫一些個人資訊、為什麼想加入，以及希望完成什麼。

申請開始湧入，我與每位申請者通過電話。因為智囊團在未來幾年會像一個大家庭般密切互助，我們需要合適的成員才能使其發揮作用。在打了無數小時的電話後，我找到了一百個人選，「火力幫菁英班」誕生了。在接下來的三年裡，我們是一個線上的虛擬家庭。

每周都有線上直播的培訓課程，每天在臉書社群也有互動，每個人都可以透過電子郵件聯繫我和凱特。這是一項繁重的工作，但初始會員每月支付一百美元，在「盛大開幕」後加入的人則每月支付兩百美元，這讓在我們經營「火力幫菁英班」的三年中，每月獲得超過一萬美元的收入。

當我們最後結束這個專案時，大家淚流滿面地相互道別。多年來，我們所有人一起達成很多成就，知道這是一段特別的經歷。每次回想起「火力幫菁英班」，我心裡滿滿都是愛。這是一個很棒的智囊團，我學到很多關於成為領導者的知識。

「火力幫菁英班」，我向你們致敬！

走上非凡成功之道的《火力全開的創業家》企業家案例

詹咪・麥斯特斯分享關於創造智囊團

智囊團原則：兩個或兩個以上的人以積極向上的心態，主動致力於追求一個明確的目的，構成一股無可匹敵的力量。——拿破崙．希爾

二〇一〇年，詹咪在緬因州的農村過著「不太充實」的生活，家裡的兩個孩子分別是一歲和三歲，光這樣就夠她忙了。然而她常心想，我的人生就這樣了嗎？後來，她偶然發現了吉姆．羅恩的那句話：你現階段花最多時間相處的五個人平均起來，就會成為當下的你。（這句話我也經常分享。）

詹咪認真思索她的前五名是什麼人，甚至把名字寫在一張紙上。當她注視著這些名字時，他們的生活也在回望著她。

結果有點令人沮喪。這五個人心地善良，但討厭自己的工作、生活不快樂、沒有動力或野心去提高自己的生活地位。詹咪有動力，但不知道該從哪裡開始——她擁有資訊科技學位，曾提供很多市值百萬的公司商業方面的指導。但是網路世界龐大且令人窒息，詹咪身邊沒有任何一樣在經營個人網路事業的朋友。她開玩笑說，這是因為要弄清楚經營網路事業的所有眉眉角角，就像在用消防水管喝水一樣。

詹咪採取了幼幼班步驟。她開了一個部落格來做實驗，並下定決心提高與她相處時間最多的五個人的平均水準。詹咪曾與她的導師一起經營智囊團，所以知道如何進行，只是從未組過個人智囊團。如果她的目標是提高自己相處時間最多的五個人的平均水準，那麼她知道智囊團是一個不錯的開始。

第一步是找到願意加入她智囊團的知名線上企業家。詹咪不認識任何知名的線上企業家，但這沒讓她打退堂鼓，努力在網上進行研究之後，詹咪找到一個討論個人發展的專題論壇，那裡很多人都問了跟她相同的問題。

詹咪開始尋找成功的網路創業家，並且主動發電子郵件聯絡他們。詹咪最想邀請加入智囊團的是帕特．弗林（Pat Flynn）。他透過自己的部落格「SmartPassiveIn.come」經營著十分成功的事業，雖然那時他的個人品牌還沒有現在這麼大，但詹咪知道他的加入會是錦上添花。

沒想到，帕特婉拒她的邀請。詹咪很失望，但這並沒有讓她放慢腳步，很快地，有其他幾位厲害的創業家答應加入智囊團，因此詹咪對帕特使出最後的一招，告訴他其他參與的創業家名單，以及關於智囊團運作的完善規畫（這是她從過去顧問經驗所提取的精華）。帕特最後回應了，表示很欣賞她堅韌的態度，以及能夠如此有組織地經營智囊團，所以他同意加入。

詹咪雀躍歡呼，並加倍努力使這個智囊團成為所有參與者的絕佳體驗。詹咪寫下了每個人都必須遵循的規則和架構。（她的實際規則和議程就在本節結尾。）

最重要的規則之一是出席率，如果連續錯過兩次的每周會議，詹咪就會找那個人聊一聊；如果出席率繼續下降，你就會被踢出智囊團。而這麼多年來，詹咪也不得不踢掉幾個成員。

為什麼？承諾是智囊團的關鍵。智囊團是一個你可以建立深厚聯繫、表露脆弱的地方。恐懼和懷疑在創業過程中是司空見慣。大多數企業家都自己處理這些情緒，並將恐懼壓在心裡，一但有了合適的智囊團，你可以與其他用有類似情緒的人分享自己的掙扎。智囊團會成為你的家人，讓你生根發芽，並督促你該盡的職責。

回到詹咪的故事。在最初的幾次智囊團會議中，她感到格格不入。雖然是她集結了這個智囊團，但與其他人相比，她的成功太渺小了，實在不好意思分享。然而，詹咪意識到，被高水準的人包圍時，你可以選擇讓自己被打垮，也可以選擇點燃內心的火焰，最後取得比自己想像更優秀的結果。成功的創業家利用這些機會作為動力，詹咪也這樣做了。

詹咪已經經營這個智囊團十年，他們每年會至少親自見面一次，大家都非常親密，就像一家人。還記得嗎？詹咪住在緬因州偏僻的地方，而這個智囊團讓她能夠與來自世界各地的傑出企業家建立聯繫。

我很想分享一個關於詹咪的智囊團如何連結我們的簡短故事：

在二〇一〇年的一次智囊團會議上，詹咪接下了採訪百萬富翁的挑戰。她不認識任何百萬富翁，但努力尋找人選，利用新的人脈與百萬富翁建立聯繫，並推出《最終的百萬富翁》這個Podcast節目。

一年後，我偶然發現了她的Podcast，並在幾周內聽完每一集，詢問詹咪能否擔任我的導師。

用詹咪自己的話來說：「回顧過去你所做的那些小決策如何變成了巨大的商業模式和生活，真是太瘋狂了，這就是智囊團可以為你做的事情。讓自己被對的人圍繞，他們將幫助你做出正確的決策，這些決策將以你無法想像的方式影響你的生活。」

你有智囊團嗎？如果沒有，該開始行動了！

（你可以在EventualMillionaire.com上了解有關詹咪的更多訊息。）

詹咪的規則

- 提前確定會議時間，每次會議時間為六十分鐘。（請選擇每個人都方便的時間。）
- 每位成員都該準時出席會議。如果有人不能參加，請至少提前一周在通訊平台Slack上發文讓其他成員知道。
- 編排「主位」時間表。如果輪到你坐「主位」的那周有事，需要改日期，請在Slack上發文，尋找可以跟你換班的人並更新Google文件上的紀錄。
- 如果你連續錯過兩次以上的會議，小組投票決定你是否能繼續參與智囊團。
- 每個人都有機會在小組框架內發言。如果每個成員都能平等參與，效果最好。
- 每個人都在這裡互相支持。請記住，你可以提出建設性的批評，但不應貶低或人身攻擊其他小組成員。對所有人來說，這應該是開放和正面的體驗。
- 請注意，智囊團不僅提供建議，而且還是一個正面的地方，你可以在這裡與團隊一起實現目標。

- 智囊團是團隊一起努力，而不是由某個特定成員負責帶頭，所以每周會輪換主持人以及坐「主位」的成員。每周的「主位」成員需要貢獻一項他們最近發現對業務或生活有用的資源或工具。

詹咪的議程

00：00 主持人歡迎大家（主持人是上周的「主位」成員，負責控制會議時間）。

00：10 主持人請大家分享上周的「勝利」。

00：10~00：50 主位：一名成員（每周／每兩周輪換一次）。

1. 你的困難是什麼，智囊團可以怎麼幫助你？
2. 你今天想取得什麼樣的結果？（這樣大家才會明白目標是什麼，如果離題了，才有辦法拉回來。）
3. 是否有任何人脈或資源有益於解決這個問題？

00：50結束

7 設計你的內容產品計畫

內容建立關係。關係建立在信任之上。信任推動收入。——安德魯・戴維斯

現在是邁向非凡成功的平凡道路下一步的時刻。你有遠大的理想，知道自己將主宰的利基市場和所服務的化身。你已經選擇好平台，有導師指導你、智囊團支持你，接下來就要設計你的內容製作計畫了。

在這個階段，任何嘗試和執行都很誘人。你有很多想法，有這麼多的希望和興奮，想把所有的想法一口氣丟出來，再看看哪些是可行的。這個策略有問題嗎？那就是最後這些想法沒有一個會是可行的。

請容我解釋一下，想像下列兩種情況。

情況一：你用只有廣度、沒有深度的方式來測試所有的想法。

情況二：你將所有的注意力、精力和力氣都集中在一個想法上，只有深度沒有廣度。

你認為以上兩種狀況中哪一種，會讓你的受眾留下更深的印象？你是不是認為簡單地測試眾多想法，就能夠吸引受眾和證明你的概念？答案是絕不可能。你的內容製作計畫最終的確需要包含多個理想，但如要一開始就獲得受眾那難以捉摸的注意力，你需要持續專注在內容的重點。若有人大聲疾呼要你包山包海時，我建議請直接忽略。時機成熟之後的「包山包海」會帶來驚人成效，但對你來說，現在還不是時候。

下一節會分享我的第一個內容製作計畫，我認為之所以能成功，就是歸功於焦點單一。

創造財務自由和成就感，需要你為化身的最大問題創造最佳解決方案。在第三章中，我們打造了你最高級服務範疇中的精確人選，所做的每一個決定都考慮到你的化身，這點在擬定內容製作計畫時也不例外。

以下是我們在擬定計畫時需要回答的問題：

1. 你會使用哪種行事曆系統來安排內容製作計畫？
2. 你會以什麼頻率更新你的內容？
3. 你的內容應在何時更新？
4. 內容的平均時間應該要多長？

5. 需要花多少時間製作每一次的內容？
6. 你會預備多少內容？
7. 你每周會留幾天用來創作內容？
8. 誰負責督促你的計畫進度？
9. 你預計在每個月哪天保留出時間，用以評估和調整內容製作計畫？

這些問題將確保你能掌控自己的計畫，而非受制於內容製作。接下來讓我們逐一拆解這九個問題。

1. 你會使用哪種行事曆系統來安排內容製作計畫？

我可以說是仰賴我的行事曆維生，每個工作日都從分析行事曆、查看行程安排開始。我的團隊很清楚一點：如果某個行程不在我的行事曆上，它就不會發生，就這麼簡單。很多人在行事曆上犯的一個大錯，就是留下很多空白時段，並假設自己在這些空檔能產出某些東西——可惜這種「產出時間」很少如預期那樣發生。你需要把自己想完成的所有事情都放在行事曆上，否則，你的排程永遠被某人或某事擾亂。

舉例來說，我就排定連續三個月、每天醒來後的第一個小時，都得寫至少五百字書稿。結果如何？經過九十天每日不間斷地寫作一個小時，在截止日期前我就寫下超過五萬字。我喜歡看自己的行事曆，這讓我感到平靜，因為一整天的時間都妥善用來製作正確的內容。有可能某一天可我會訪問八位節目來賓，另一天可能接受其他十五個節目的訪談；有時候可能一整天沒有任何訪談安排，完全保留給我正在從事的專案。關於行事曆你只有兩種選擇：要嘛由你控制自己的行程，要嘛由行程控制你。你會是哪種呢？

2. 你會以什麼頻率更新你的內容？

貫穿全書不停重複的主題，就是強調打造免費、有價值且一致的內容的重要性。這就是你與受眾建立信任的方式。需要注意的是，保持一致並不代表你得每天發布內容；相反地，想確認更新內容的適當頻率，你要自問每個重大業務決策中應該問的問題：「我的化身想要什麼？」化身是你理想的消費者，因此有關內容製作的疑問，你該讓他們來指導你做出決定，是每月一次？每周一次？每周一、三、五更新？

答案沒有對錯。如果你正在做最適合化身的事情，就能夠在收集內容消費者的回饋時，進行調整和修正。你的內容製作計畫就像你的品牌業務一樣，是會不斷發展的個體。如果你能一直積極地關注受眾的脈動，就能永遠知道自己是否正竭盡全力地提供服務。

3. 你的內容應在何時更新？

「行動勝過完美」，我相信這句話，因為看過太多創業者想要讓自家的內容、產品、服務等盡善盡美，而停滯不前和失敗。在某種程度上，每個人都是完美主義者，所以如果你還想拿「我就是完美主義沒辦法」來欺騙自己，我建議省省吧——更別提百分之九十九的失敗創業者都用過這個爛藉口。你想聽起來像個失敗的創業家嗎？我覺得應該不想吧。

在製定內容製作計畫時，請記住你不是在設計自己墓碑，並非以後都沒辦法改動了。身為一名創業家，最棒的就是我們可以（並且應該）每天、每周和每月都在發展、調整和修正。你的內容建立過程很簡單：

- 建立。
- 發布。
- 吸引內容的消費者給予回饋。
- 利用回饋來調整和改進。

- 打造下一個內容。
- 重複。

現在讓我們看看你的內容應該在何時提交，以此為基本原則，再根據你的實際情況進行調整。

- 每周一次：周一發布。
- 每周兩次：周一和周四發布。
- 每周三次：在周一、周三和周五發布。
- 每周四次：在周一、周三、周五和周六發布。
- 每周五次：在周一、周二、周三、周四和周五發布。
- 每周六次：在周一、周二、周三、周四、周五和周六發布。

我測試過上述所有方法，這些發布時間是最適合我的。至於什麼時間是最適合你？我不知道，請你停止想太多並立刻採取行動，放手實驗。

4. 內容的平均時間應該要多長？

在人生和創業中，沒有什麼是一成不變的。我們生活在一個不斷發展、變化、收縮和擴張的世界中。

即使是古老的諺語「命中唯一確定的兩件事是死亡和稅收」，也被證明是錯誤的。世界各地的企業家紛紛湧向低稅或免稅綠洲，而其他人則在抗衰老研究方面取得重大突破，還有可能活到一百歲以上——我們生活在一個瘋狂的時代。

我每個月都會收到數百次類似的問題：「約翰，請問我的Podcast／電子郵件／影片／社交媒體文章的最佳長度是多少，填滿空白嗎？」在通往非凡成功的平凡之道上，我的回答永遠是：「請問問你的化身想要什麼？」這不是一個敷衍的答案，而是正確的答案。

這邊我要對所有閱讀這本書的人坦承一件事：我可能不會閱讀、消費你的內容，為什麼？我不是你創作內容的目標對象，可能不會覺得這些內容有趣或有娛樂性。既然知道這一點，你為什麼要從不是受眾的人身上尋求鉅細靡遺的指導？回答當然是：你不需要。

會有無數人在你的旅程中提供他們的建議。針對這點我的經驗是，除非他們是你的目標受眾，否則請百分之百忽略他們的建議。通往非凡成功的平凡之道已經為你提供了一個基礎框架，可應用於你的個人創業旅程。好好利用框架，並始終牢記以下問題：「我的化身想要什麼？」

那麼，回到剛剛的主題——你創作內容的平均時間應該多長？你知道答案的，請跟著我說一次：「我的化身想要什麼？」

你的完美受眾可能需要每天三分鐘的簡短片段、每周六十分鐘的懶人包，或是每月馬拉松式的深度探討。或者，更好的是，他們可能想要以上所有類型的組合。

有一句我經常引用的話很適合放在這裡：

你不必看到整個樓梯，只需邁出第一步。——馬丁・路德・金恩博士

邁出第一步，製作你認為化身會想要的內容長度，然後點擊「發布」鍵。等到你的內容出現在世界上，請與消費此內容的人互動、分析他們的回饋，調整之後再一次發布新內容。這不是化學實驗，所以你不必擔心自己非得完全按照十七個步驟進行操作、否則可能會爆炸的風險。事實上恰恰相反，請根據你可以得到的最佳訊息做出決定，發布、參與、分析回饋、調整、發布。每當你發布真實的解決方案來解決受眾的困境時，要相信你的內容正在讓世界變得更美好。

5. 需要花多少時間製作每一次的內容？

這是一個棘手的問題。到頭來，我們所擁有的只是時間。誰不希望能有足夠的時間慢慢製作出完美內容，品質好到在發布的那一刻就立刻改變世界呢？然

而，隨著我們這一路進展這裡，你應該已經知道我對「完美」這個詞的感受。（提示：我討厭它。）《火力全開的創業家》錄製的第一集訪談是三十分鐘，我卻足足剪輯了三個小時，真是要了我的命。等終於完成剪輯時，我感到疲憊又害怕，因為如果每一集都要花費這麼多的時間和精力，我不可能每天更新一集。

這就是「必要性」勝過「完美」的一個好例子。我知道我的化身需要收聽每日更新的節目，所以我放下對完美的執著，打造一套節目製作系統並找到捷徑，讓我能夠持續將一百八十分分鐘的剪輯時間，減少到不用十分鐘。這當然不是一夜之間發生的，而是隨著不停地執行逐漸改變的。放下完美讓我能夠堅持天天更新的承諾，在兩千天內連續上架兩千集節目，這可是一項超過五年的每日任務。

我見過無數創業者在製作第一個內容之後就放棄了，因為認為每一個內容都會像第一個那樣耗時、費力和可怕。我在這裡告訴你，情況會好轉的，而且是好轉非常多。因為你每一次製作內容時，大腦都在奠定基礎，這會讓下一次執行時更輕鬆、更省力。經過數千小時的Podcast剪輯之後，我現在覺得自己像彈鋼琴的莫扎特；我現在熟用熱鍵、快捷方式和好用的系統，絕對會讓二〇一二年的自己驚嘆不已。每一次的剪輯都讓我變得更好、更快、更有效率。

在你的創作過程中也會發生一樣的事情。

請在創作內容的時候為自己計時，這樣你就有一個基準，知道要在行事曆上安排多少時間創作，這也有助你堅持下去。要知道，你的效率會隨著每次重複執行而提高，很快地，就能在很短的時間內製作出相同水準的內容。通向非凡成功的平凡之道是循序漸進的過程，這些步驟中沒有祕密捷徑，而這也正是為什麼一旦你實現財務自由和成就感，你會感到如此美妙。

6. 你會預備多少內容？

自媒體創業這一行有個術語：殺青（in the can）。你打算「超前部署」到什麼程度？預先完成多少集節目／文章／影片？這同樣沒有正確解答，而是根據個人喜好而定。

預先準備好至少六周的節目是讓我感到安心的數量。如果生活或業務中發生了意外，我會有一些緩衝時間。當然，有些領域無法打造這樣的緩衝區，例如時事類的自媒體，不過對我們這些經營其他領域的人來說，就有餘裕先做準備。

要兌現「穩定更新」的承諾，你的進度就必須超前一步，這樣就算碰到電腦壞掉、網路故障、發生天災等狀況，都不必擔心。我不是想嚇你，但我個人真的經歷過前述這些事情。儘管有這些災難，我還是連續兩千天每天上架一集Podcast節目，因為我的創作進度永遠超前六個星期。

確定你會預備好多少內容，就可以確保即使發生災難也能保持內容更新的一致性。決定好預先完成多少內容之後，會需要努力工作幾個星期來打造緩衝區，等你準備好之後就不用再這麼辛苦了，只要繼續維持進度超前即可。

正如華倫・巴菲特的名言：「建立關係需要二十年，而摧毀它只需要五分鐘。」你努力與觀眾建立關係，贏得了他們的信任，請努力維持它。

7. 你每周會留幾天用來創作內容？

我們遇到有段時間沒見面的人時，常會詢問對方：「你最近在做什麼？」我最不喜歡聽到的回應，偏偏就是最常見的回答：「哦，我超~忙的！」如果再深追問下去：「太棒了！所以在過去的三十天裡，你完成了什麼很有成就感的事情？」通常回覆你的是兩秒鐘的茫然眼神，然後一陣沉默之後對方回答：「喔，沒什麼特別的，就小孩、工作、寵物，像平常那樣，你懂的嘛！」

不，我不懂。走在通往非凡成功的平凡道路上的人不會懂。那些不能分享他們在過去三十天內完成哪些有意義事情的人，在三十個月後會有相同的答案，三十年後也會有相同的答案。

一本關於這個議題的好書是布朗妮．維爾的《你遇見的，都是貴人》。這本書寫的是關於生命盡頭的人，他們對自己一生所取得的微薄成就感到震驚。他們對於發現自己「就這麼度過一生」、從一項無意義的任務轉向另一項瑣事感到震驚。當然，他們有宏偉的計畫，但這些計畫總是針對未來，而不是現在。當他們的未來只剩短短幾天，便突然意識到自己所有的目標、夢想和抱負永遠都不會實現。他們知道自己浪費了最寶貴的資源：時間，這個發現讓他們感到遺憾，但時日所剩不多。

那些走在前往非凡成功的平凡道路上的人不會帶著遺憾死去。當我們走到生命的盡頭時，我們知道自己曾經嘗試、失敗、學習、調整、再次嘗試，並最終成功地創造了財務自由和充實的生活。這樣來看的話，決定每周留哪幾天來製作內容會太小題大作嗎？一點也不會。

請讓行事曆成為你的最佳搭檔。五年多來，我行事曆上的每個星期二都是滿檔。為什麼？因為那天我要錄製和剪輯八集《火力全開的創業家》，沒有什麼比完成這八集更重要的任務了，這也是我維持每日更新Podcast的唯一方式。我會在下一節深入探討內容製作這部分，但我希望你先了解，固定安排每周幾天製作內容的重要性。

假設你想在社交媒體上產生影響，一個很好的計畫是在周五早上開始製作下周的內容，你就能夠及時發布貼文，而不是每天都花時間忙著創作內容。內容製作計畫可能如下所示：

每周五上午9：00至下午1：00不排其他行程，專心用於打造未來七天要在七個社交媒體上發布的貼文。

- 從上午9：00到上午10：00，我會製作七則推特貼文，其中至少有三條是分享我在網上找到的相關文章連結。
- 從上午10：00到上午11：00，我會製作七篇Instagram 貼文，其中至少四篇寫到一百字。
- 從上午11：00到下午12：00，我會製作七篇Facebook 貼文，其中至少三篇是影片。
- 從中午12：00開始到下午1：00，我會製作七篇LinkedIn 貼文，其中至少兩篇寫到五百字。

猜猜看，如果你以這種方式度過每一個星期五，會發生什麼事？你將完成二十八篇高品質的貼文，為你的受眾提供免費、有價值且穩定更新的內容。他們會開始了解、喜歡並信任你。你的社交媒體關注量將會增加，觸及率、印象和影響力也會增加。

簡而言之，你將走在通往非凡成功的平凡之道上。

另一方面，那些沒有好好擬定創作計畫的人會發生什麼事？他們每天醒來都知道應該在有經營的社交媒體平台發文，他們可能會維持幾天到幾周的穩定更新。然而，每天必須替多個社交媒體平台產出內容的壓力，會慢慢地累積。直到某一天，他們可能過得很不順利，或是覺得不舒服、疲倦，又或者出現必須立刻處理的突發狀況，於是就這麼一次，他們那天沒有發文。

很可惜，水壩就是這樣出現了第一條裂縫。接下來，幾天後可能又出了其他事情，讓「今天不發貼文」變得更容易，因為上次他們沒有更新也沒有發生什麼天崩地裂的事。於是更多的「突發狀況」出現了，在意識到之前，已經好幾周過去了，這段期間他們製作和更新任何有意義的內容。於是勢頭開始消散，粉絲的增長人數消退，機會減少，一種無助感開始顯現……一位本來懷抱理想的創業家就這麼逐漸消失在夕陽中。

你可能覺得我講得太誇張了。我承認自己是有點戲劇化，但我真的目睹上述發展出現數千次。事實上，我們在Podcast中有一個術語來形容這件事：播客衰退（podfading）。

我的朋友們，我們正走在前往非凡成功的平凡道路上。要把小事做對，因為只要把小事做對了，等累積足夠多的時間就會帶來龐大的成果，而龐大的成果會帶來財務自由和成就感。

每周留出幾個小時來製作內容很容易，不這麼做也很容易。在這種情況下，請選擇你的「容易」。明智地使用你的行程表，每周為推動業務發展的關鍵工作安排時間。

在結束本節之前，我還想說明兩點。

第一點是關於品質。每周留一段時間專門創作內容，還是每天進入內容製作模式、強迫自己生出來的當天要更新的貼文，哪種情況會製作出更好的內容？我想你知道答案。

第二點是關於效率。

大腦在很多方面就像一台電腦，如果我們想將其用於特定工作時，大腦必須「開機」，而且需要一段時間來暖身。然而，一旦你的大腦進入最佳狀態，魔法似乎就出現了。

我每天都撥出一點時間來寫這本書。要我的大腦馬上就進入狀況很困難，但是暖身五分鐘之後，文思開始流動，我就會全力以赴。如果你發現自己每天都只是為了創作一則內容而「啟動你的大腦」，那麼創作過程的效率會非常低。在通往非凡成功的平凡之道上，我們不能接受低效率的內容創作，因為這會導致可怕的創業衰退。

請承諾每周留下時間建立特定的內容，藉由在這項任務上的努力，你將獲得長期成功。

8. 誰負責督促你的計畫進度？

《你遇見的，都是貴人》提到的另一個死前遺憾是：他們希望自己沒有被別人的意見左右生活。換句話說，就是他們身旁圍繞的很多都是錯誤的人，他們重視這些人的意見，聽取錯誤的建議，結果在生命的最後幾天，他們意識到自己選擇了錯誤的人生道路。

你正走在通往非凡成功的平凡之道上。愛那些愛你、支持你的人很重要，我相信你的母親希望你一切都好，你的父親會支持你的成功，但他們對你的生活要前往何方可謂一無所知。

可惜的是，很多時候，他們都試圖透過你重演自身的生活敗筆。每當你聽到「我為你犧牲了一切」這句話，背後真正的意思是：「我過去失敗了，所以現在我把自己已枯萎和逝去的希望和夢想推給你，因為你是讓我不會全然後悔自己人生的最後希望。」

這很慘忍，但很真實。

如果你的父母、兄弟姊妹或親人真的了解人生，他們會鼓勵你去追逐自己的希望和夢想，每天努力工作以改變世界，並在某個領域產生影響力，讓你和周圍的人都開心。每次發現自己在不怎麼享受的事情上，透入太多時間或心力時，我就會想起堪薩斯合唱團的歌詞：「我們都是風中的塵埃。」

如果我們是身處於四萬年前的社會，重要的是牢牢地與你的部族風雨同舟，這樣你在撒哈拉以南的險惡山谷中漫遊時，部族會提供安全保障。然而，我們當今生活在一個不同的世界，本書的目的就在指引你做出選擇，藉機在生活中找到幸福和滿足。

第六章的重點是建立或加入一個由你欽佩、尊重並喜歡與之共度時光的人組成的智囊團，這些人也走在通往非凡成功的平凡之道上，看到了曙光。他們知道財務自由和充滿成就感生活是可能的，並全心投入透過努力工作和成為有價值的人來獲得非凡成功。

這些人會督促你好好執行自己的內容創作計畫，確保你把「行動」的優先順序放在「完美主義」之前，他們會歡慶你的成功，並幫助你從失敗中學習。這就是你的部族所在，請找到他們、擁抱他們、支持他們，他們會協助你取得超越你最狂野夢想的成功。你可以的！

9. 你預計在每個月哪天保留出時間，用以評估和調整內容製作計畫？

在軍隊中，我們最有價值的培訓之一被稱為AAR，即「行動後評估（After-Action Reviews）」。這裡的關鍵詞是「行動」。在軍隊中，我們對行動有先入為主的想法，「因為當前的好計畫遠比未來較優秀的計畫更好。」

通往非凡成功的平凡之道上，一切都以「行動」為目標，沒有行動就沒有什麼可以得到回饋的，也沒有可調整和改進的內容，當然就不會發生關鍵轉折。既然你已經走到非凡成功的平凡道路上的這一步，我知道你是一個很有行動力的人。

現在讓我解釋反思和評估的重要性。這就是價值所在。我一直很喜歡這句話：「以每小時一萬英里的速度行駛在錯誤的方向上，只會讓你在錯誤的路上行駛更遠而已。」快速行動並犯錯很重要，但更重要的是得找出犯錯的原因。

你每個月應該留下一天讓團隊評估內容製作計畫。你需要確定這個計畫什麼部分是有效的，什麼又是無效的，同時必須想出方法來修補缺陷並啟動有效的部分。你需要確認自己朝著正確的方向前進。

每個月一次的「反思和評估」之日，能讓你更密切掌握業務的脈動。我們都可能偏離自己的指北星，但那些能迅速意識到自己迷航、並不斷調整的人，就會成為月復一月、年復一年維持成功的人。

這也正是我們從二〇一三年開始每個月都公開收入報告的主要原因之一。這些收入報告對我們的受眾非常有幫助，因為完整呈現出我們業務中有效和無效的部分；這對我們的團隊也非常有幫助，可以確保大家充分了解賺來的每一塊錢以及原因。每一美元的獲利都記錄在案，每一美元的花費都經過審查，這讓我們能夠將淨利率保持在驚人的高水準。每次發現淨利率下滑時，我們都會深究原因，並盡可能地進行調整，以回到我們想要的狀態。

我聽說過一些公司長年發生小額收入外流，卻無人聞問的故事。這些小洩漏逐年累積起來會造成大損失，還經常害本來能成功的公司破產。流失的收入本來可投資於行銷、硬體設備、組織更大的團隊等等，但結果卻流入了錯誤期待和夢想幻滅的下水道。

每月只需要指定的一天，就可以讓你的創業之船保持滴水不漏，並持續朝正確方向前進。這是你應該要給自己、團隊以及那些從你分享的絕佳內容中獲益良多的受眾賴以生存之道。

我的內容製作計畫

現在開始介紹我如何建立內容製作計畫了。在我進一步討論之前，請切記：你在通往非凡成功的不凡道路上創造的任何東西都不是一成不變的。一切都在進化中。

內容製作計畫也是如此，它會隨著你持續建立內容並判斷什麼是最適合你的業務、化身而不斷發展、變形、調整、改進，但我們仍舊必須從一個基礎開始，否則你就沒有好的立足點。

以下是我最初的基礎。

1. 你會使用哪種行事曆系統來安排內容製作計畫？

在開始創業之旅以前，我每日的行程安排是由當時的老闆全權控制。我還記得自己每天都帶著恐懼打開行事曆，看到上面幾乎充滿了無止境的會議。行事曆上仍有小小的自由時間，但我往往只是茫然地盯著電腦，在被拉回現實、面對接下來榨乾靈魂的工作前，我都在彼得潘的夢幻島上神遊。

而我開始創業以後，起初開啟行事曆時看到上面一片空白，我居然還會覺得很失落、感到焦慮、沒有方向。那個應該告訴我要做什麼的人去哪裡了？

我還是名美國陸軍軍官時，天天都會收到指揮官下達的命令，後來擔任房地產經紀人及大企業裡的小螺絲釘時，日子也相去不遠。現在，唯一能夠提供方向的人，就是映在空白行事曆上的那張臉——我自己。

是時候該長大獨立了！如果這艘船要離開碼頭，我必須成為起錨的人。

我首先搜尋了最好用的行事曆和行程安排工具。在閱讀幾篇文章和一些教學之後，我決定使用Google日曆和Schedule Once。我從那時起一直使用這兩者。你在決定時，請不要過度思考而害自己止步不前，但還是得花些時間自己進行研究並做出適合的選擇。

一旦選定了行事曆和行程安排系統，它就會融入你的生活，並解決一件麻煩事。因此請花點時間，利用你有的資訊做出最好的決定，堅定進行，然後進入通往非凡成功的平凡之道的下一步驟。

2. 你會以什麼頻率更新你的內容？

現在我已經訂定了行事曆和行程安排方式，接下來要決定更新內容的頻率。雖然我已經決定要每天更新《火力全開的創業家》，但仍有很多需要做的決定。

● 節目筆記：我是要為每一集節目打造單獨的節目筆記頁面，還是一次集結當周的七集節目呢？

● 電子郵件：我計畫建立一份電子郵件行銷名單，必須決定寄送的頻率。

● 社交媒體：我要使用哪些社交媒體平台來宣傳節目？在這些平台上發布貼文的頻率又是如何？

我決定在起步階段先保持單純就好，等未來團隊成長和導入執行系統之後，再增添複雜性。

● 節目筆記：由於《火力全開的創業家》是業務重點，我決定每集都發布一篇節目筆記，除了方便聽眾回顧內容精華，他們也能快速找到節目連結和延伸的資源。這麼做也讓我有機會增加網站的訪問流量，進而增加電子郵件名單，提升我能提供給聽眾的整體價值。

● 電子郵件：我決定每周發送兩封電子郵件，一封著重在節目內容本身，另一封則著重於我認為與聽眾相關的主題。

● 社交媒體：我決定從每天發布一則推特貼文宣傳當日的節目，再加上每周兩篇含有節目預告的Facebook貼文。

3. 你的內容應在何時更新？

這個問題對我來說很簡單，因為《火力全開的創業家》是每天更新，所以答案實在沒什麼好說的，唯一需要思考的是，我要在一天中的什麼時間點發表節目。

我知道自己大部分聽眾都在美國，也知道我的化身「吉姆」會在上班途中收聽。於是我上網搜索紐約人最早開始通勤上班的時間，看了幾篇文章後，發現交集是凌晨五點，所以我決定提前一小時作為緩衝，在凌晨四點更新節目。

在我的心中，我的化身會在早上醒來沖泡咖啡時，下載最新一集《火力全開的創業家》，然後給妻子和孩子一個離情依依的告別吻，驅車前往工作地點；這是趟二十五分鐘的路程。

雖然我再三呼籲大家不要太糾結於瑣事而怯於行動，但我還是必須確保不會太早發布新集數，否則對美國西岸聽眾來說，系統上會將之顯示為昨天的集數。舉例來說，若我在東部時間凌晨兩點三十分發布，就會是西部的晚上十一點三十分。請小心不要過度糾結於小事，但與此同時也別忘記，把每件小事做對可以累積更多的成效。

我知道我的化身每天起床都會期待看到新集數上架，所以我會確保他看到新集數時是顯示著今天的日期。

我的節目筆記會與Podcast節目同步發布，所以剩下的唯一決定就是要在哪幾天發送電子報和更新社交媒體貼文。

電子報的部分，由於我會每周發送兩次，所以必須決定發送時間和內容。經過一番考慮，我決定在周一的電子報分享本周即將播出的節目，以及自己從前一周的節目中，學到的重要知識和經驗教訓。這樣的內容能讓受眾期待本周的新節目，同時從前一周的內容獲得有用的資訊。

至於第二份電子報我決定在周五發送，一邊回顧本周節目的重點，同時預告一下周末的節目內容，並分享我在過去五天中的一些體悟。這能讓聽眾回顧一下過去五天的內容，記下他們錯過的、任何聽起來很有吸引力的集數，並期待從周末的節目獲得來賓所分享的寶貴見解。

現在電子報已經有了一個經營架構，接著是確定社交媒體的更新計畫。我已經承諾每天要發一則推特貼文，但是要什麼時候發？我利用工具來觀察粉絲在平台上最活躍的時間，並選擇範圍內的時間來發文。我的推特貼文是當天節目的小預告，並附有節目筆記的連結。

針對每周兩次的Facebook貼文，我決定在周三和周日更新。周三恰好卡在周一和周五電子報之間，再透過流量觀察工具，發現周日是我的追隨者在Facebook上花最多時間的日子。至於具體的貼文內容，我決定讓事情保持單純，跟大家分享我收穫最多的本周節目，並附上該集節目的連結。

突然間，我的內容製作計畫已然成形。先前的不知所措煙消雲散，我現在可以查看行事曆，看看自己何時要創作、創作什麼，以及何時要發布。有了計畫，我所要做的就是執行，我的內容生產計畫成為傳遞價值的機器。

該來進行下一步驟了。不過在此之前，我想針對社交媒體計畫給大家一個提醒：我是在二〇一二年推出《火力全開的創業家》，所以前面分享的是當時最適合的社交媒體平台。我建議你以我的計畫為參考，重新評估最適合你的化身的平台。

4. 內容的平均時間應該要多長？

你在第三章中所投入的心血會在此時獲得回報。只要確切知道你的化身需要什麼，這個問題就從申論題變成填空題。在成功道路上的每個岔路口，請記得問問自己：「我的化身想要什麼？」讓化身成為你通往非凡成功的平凡之道的嚮導。

我的化身吉米每天上班花二十五分鐘的通勤時間，下班則會花三十五分鐘。因此，我決定每集節目都落在二十到三十分鐘之間，目標是讓吉米在早上的通勤時聽完一集，然後他在晚上回家的路上，能補聽任何錯過的集數（或是重聽一次他最愛的集數）。

二十到三十分鐘的節目長度是我的基本原則，但是訪問東尼．羅賓斯的時候，節目超時到五十三分鐘，不過我不會因此打斷他。然而，我會希望聽眾在收聽《火力全開的創業家》時心裡產生特定的期望：高音質、高能量、高價值，同時大多數節目都在二十到三十分鐘的範圍內。

我也希望創作的其他內容能有類似的一致性。請記住，你並非在實施一套永遠不得偏離的嚴格準則，而是一套指導方針，可以幫助你在創作內容和分享資訊時維持焦點和一致性。

我的節目筆記也採用一個固定的格式，最上方會是本集節目中三個最有價值的見解，再來會是整個採訪中提到的相關連結，最後一段則是我個人的最大收穫。這個格式幫助我在合理的時間內建立高品質的節目筆記，同時確保聽眾在拜訪我們的網站時，知道自己可以期待看到哪些有價值的內容。

電子報的部分我則維持簡單的格式，只要求自己每封電子報最多寫五百個字。因為我知道吉米的空閒時間有限，而且，以清晰簡潔的格式發送一封超值的電子報是非常重要。

雖然有字數限制，但是我對電子報的版面設計倒是保留很大的實驗空間，多年來我嘗試過許多不同的做法，有些效果很好，有些則失敗了；與所有事情一樣，我會從經驗中去蕪存菁。

社交媒體我也採取與電子郵件類似的方法。我對每篇貼文設下了一百字的限制，並為版面呈現預留很大的空間。

就與通往非凡成功的平凡之道上的所有事情一樣，我始終遵循以下流程：創造→發布→尋求回饋→分析回饋→實施調整→重複。

5. 需要花多少時間製作每一次的內容？

我很小的時候就開始打籃球，到了小學三年級，我的表現越來越好。進入國中後，我成為先發控球後衛。高中二年級的時候，我被選為校隊的先發控球後衛，接下來的兩年裡我穩定進步，等到高三賽季開始時，我已經準備好成為全州大賽的球員。

無奈的是，事情發展不如我所願。我的膝蓋在夏季籃球訓練營期間罹患了髕骨肌腱炎，從未痊癒，我只能缺席秋季的大賽。我曾在幾次籃球訓練中測試我的膝蓋狀況，很明顯沒有痊癒，只能含淚告訴教練我退出球隊。這是極為艱難的決定，但在知道硬撐下去會是多麼痛苦的狀況下，我感到了一點點解脫。

作為一名運動員，這是我第一次沒有把空閒時間花在練習和比賽上。突然多出這麼多時間，我開始覺得無聊。下午兩點就放學了，當所有的朋友都去練球的情況下，接下來的八個小時我該做什麼？

就在那時，我收到了我們學校游泳明星的父親的來信。他為我錯失高中籃球賽季表示可惜，然後提醒我，我是在湖邊長大的，整個夏天都在游泳。此外，在全心投入籃球訓練之前，我很小的時候曾參加過游泳比賽，而我父親曾是喬治城大學的游泳校隊，「游泳」能力可說是深植於我的基因。我和父親討論後，認為這是保持體態、遠離麻煩並在高中游泳界取得一點成績的一石三鳥之計。

重拾游泳的我反而像是一條離開水中的魚。我拒絕穿超貼身的速比濤泳褲（籃球運動員只穿最寬鬆的短褲）、不知道如何進行轉身（flip turn），而且我的跳水出發很糟糕。更糟糕的是，我唯一擅長的是自由式，而這可是游泳中最競爭的項目。儘管如此，我知道自己必須試一試。

我的第一場游泳比賽雖然不是場大災難，但也相去不遠。我比的是五十碼自由式（這等同於田徑賽中的一百公尺賽跑），需要全力衝刺來回各游一趟。我是唯一沒有穿速比濤泳褲的參賽者，那條亮黃色的泳褲在其他選手看起來一定很討人厭。比賽鳴槍之後，我是最後一個離開出發台的人。

我在第一趟時可能縮短一點差距，但由於我不會轉身，最後輸得一敗塗地。我那時是用雙手抓住牆壁、完全停下來、深吸一口氣，然後才推開牆壁繼續游最後的二十五碼，但大約二十碼之後就沒力了，不敢相信自己還沒有游完。

我真的停了下來，開始踢水、環顧四周，發現其他人都已經結束了，甚至有些人都已經離開泳池擦乾身體了。不知何故，我在最後五碼處踢起水花、碰到牆壁，完成了生平第一場高中游泳比賽。

接下來發生的事情改變了我，我抬頭看記分牌，看到糟糕的完賽時間：33:04。

但我內心的某個東西被觸碰了。我做錯了很多事情，但現在有個量表可以衡量自己的進步。我內心的火力被點燃，在接下來的游泳賽季裡從未熄滅。每天練習時，我都專注於改善某項弱點，直到它成為我的優勢。

轉身是我的第一個練習重點。我在每次練習的前後三十分鐘就只做這件事情。等幾天變成幾周，我緩慢但確實地改善了轉身技巧，有天就突然開竅了。我很精確地知道自己在什麼時間點轉身、用多大的力氣踢牆，以及要在水下停留多長時間以最大幅度地提升速度。

克服了轉身之後，我開始著手處理下一個弱點，就是出發台。我練習雙腳的位置，學會預測起步槍鳴發的時間、改進起跳入水的方式，以及了解在浮出水面開始游自由式之前，該在水下停留多少時間。接著我開始改進滑水的長度，然後是踢腿方法，再來是如何在保持流線型姿勢的同時最有效地呼吸。

在大大小小游泳比賽中，我看到自己完賽的時間越來越短，覺得非常興奮。每一次改進都讓我的時間縮短了幾秒鐘，很快地，我不是最後一名了。終於有天，我在比賽中獲得第三名，為我們隊伍贏得一些有助取得勝利的積分。我知道時候到了，該脫掉寬鬆的泳褲，成為一名真正的泳將。寬鬆的泳褲給了我踏出第一步的勇氣，但如今它們在形式上（還有實質上）阻礙了我。寬鬆泳褲是討人厭的累贅。

我們即將與該州頂尖的游泳名校競爭，我的高中從未贏過。對方有一支強大的隊伍和一名神速的五十碼自由式游泳運動員。我直到最後一秒都把毛巾纏在腰上，但是當播報員說「運動員，準備」時，我鬆開毛巾、站上出發台。我覺得每個人都在盯著我看，但這當然只是我的想像，我只是八名游泳運動員之一，大家都穿著速比濤。

嗚槍，一切都各就個位。完美的開始、完美的泳姿、有力的踢腿和順暢的呼吸。我可以用眼角餘光看到自己正在與敵校的頂尖泳將並進，這時決勝關鍵就得看轉身動作。

三、二、一、翻——太棒了，搞定！

從現在起就要一路衝刺到最後。當我的手碰到牆壁時，我知道自己剛創下了個人最佳成績，但這樣就夠了嗎？我抬頭望向記分牌，看到名字旁邊有一個神奇的數字：1。我做到了！

我游出個人最佳成績，擊敗了對手的頂尖泳將，為我們泳隊獲得最多積分。我的最終成績非常不錯：23:04。

經過過去幾個月的努力，我的成績正好比第一次比賽縮短了十秒，我感到無比自豪。我接著在五十碼自由式的全州決賽中獲得第一名，並在一百碼賽程獲得第三名。

這次經驗告訴我專注的力量，我知道自己在游泳項目有六個需要大幅改進的面向，如果試圖一次解決所有這些問題，我會不知所措、沮喪，而且終將失敗。

透過一次解決一個困難，讓一切變得可行，每周都能看到並感受到自己的進步。在整個賽季過程中，我在這六個面向都有顯著進步，一步一腳印。

我會分享這個故事因為這是我生命中的特殊時期。每當我在創業過程中感到不知所措，經常會想起這段時光。每當我覺得要做的事情太多而時間太少時，我會提醒自己，前往非凡成功的平凡道路是一段旅程，一段需要耐心、堅持和專注的旅程。參加游泳競賽已經是很久以前的事了，但是我從中學到的教訓將伴我一生。

所以，到底需要花多少時間製作每一次的內容？

一開始，你需要很長時間，會消耗大量的腦力和體力。在開始嘗試新事物時都是如此。但是你每一次製作出新的內容，都會變得更好、更有效率，你會建立出系統和流程。就像我游泳時一次只專注於改善一項技能那樣，你要專注於這套內容製作系統的不足之處，請不要在第一次耗時甚久時就氣餒或崩潰。第二次不會花那麼長的時間了，甚至到了第二十次，你會不禁帶著微笑回憶起自己過往那笨拙的執行流程。

一個Podcast主持人常見的困難是第一次剪輯節目，很多人跟我說：「約翰，我完成第一次訪談，感覺超棒！但後來竟然花了三個小時來剪輯二十分鐘的訪談，我不可能每次都花那麼多時間。」

我的回答始終如一。你當然會花三個小時，因為這是你第一次剪輯Podcast節目，對你來說是全新的體驗，不知所措是正常的。我當年也花了三個小時來剪輯第一次訪談，那時我很害怕，因為知道自己這樣無法跟上每日更新的節奏。但是我第十次剪輯時變成九十分鐘，第三十次時只花了三十分鐘。時至今日累積超過兩千五百集內容，現在我每次只需要花三到五分鐘的時間，而且成果比第一次更好。怎麼樣？我每次都會做得比上一次更好一點，改進了系統或流程的其中一個細節。你也將會跟我一樣。請你要有信心、保持一致，並專注在每一次進步一點點。

總而言之，製作第一個內容需要很長時間，請好好計畫這件事。但是請務必相信，你在每次製作時都會改進流程的一小部分。你會變得更快、更好、更有效率。獲得非凡成功的平凡之路就是在很長一段期間中把小事做好。

6. 你會預備多少內容？

那些沒有走上非凡成功之路的人，會不斷發現自己被製作內容追著跑，總是只能趕在期限前匆匆達成目標。他們的受眾會有什麼感想？感覺內容很倉促、混水摸魚、好像少了點什麼。而這些內容創作者的生活又是如何呢？他們總是壓力重重、焦慮不安，感覺自己如履薄冰。

那不是我們的要走的路。那些走在通往非凡成功的平凡之道上的人，有著截然不同的經歷。我們在知道計畫已經到位時感到欣慰，為一切都在平順地進行而感到自豪。我們受眾又會有什麼感想？內容感覺結構良好、感覺很完整，確實兌現了富含龐大價值的承諾。

這樣的內容創作者會過著什麼生活？我們感到有成就、有力量，感覺一切都在自己的掌控中，並在比賽裡持續領先。

我選擇投入每日更新 Podcast 這個大膽的目標，自然就必須堅守這個承諾。我知道會有很多阻礙，首先是要找到人數夠多的夠格創業家進行訪談，其次是找到他們的聯絡方式。接著，我必須說服他們花三十分鐘與一個素未謀面的人、在一個他們從未聽說過的Podcast上聊天。

光是讓一個人點頭答應還不夠，我這一年內還需要得到三百六十四次點頭。

我知道《火力全開的創業家》要順利運行，自己需要準備好至少四十五天的節目存量，並維持這個數字，這表示我要預先錄好四十五集節目。如此一來，若是我突然遇到多位來賓取消通告、訪談當天停電，或者遭遇任何其他自然或非自然災害，就有足夠的緩衝幫助我度過難關。

我花了三個月的時間才製作完這四十五集並準備妥當。節目正式上架後，恪守時程表會讓我持續預錄完三十天到四十五天的節目量。

我在二〇一七年遇到了壓力測試。五級颶風瑪麗亞向我的家鄉波多黎各島襲來，我自己離開當地避難。幸運的是，我早已準備好緩衝，《火力全開的創業家》並沒有因此停止每日更新。

我永遠不會忘記自己在坦帕Airbnb的游泳池邊，用手持麥克風錄製節目。我得跟蚊子和糟糕的無線網路抗衡，但我完成了訪談，因為事情總得繼續做下去。

你在規畫自己的理想時間時，不要被四十五這個數字嚇到了。除非你也要做每日Podcast，我才會建議預錄四十五天的內容作為緩衝。如果你要經營的是每周更新影片，那麼緩衝會是六支影片的量。沒那麼逼人了，對吧？

在結束此段落之前，我想再分享一個關於這個主題的常見問題：「約翰，在《火力全開的創業家》大受歡迎之前，你是如何找到所有來賓的？」

我的策略雖然是針對Podcast尋找來賓，但這個概念可以應用於大多數的自媒體形式。首先，我問自己以下問題：「成功且鼓舞人心的創業家在哪裡？」接著開始列清單，最上面是兩個最有可能的機會：商業雜誌和商務會議。

第一個很容易，我只要訂閱一些頂尖商業雜誌的數位版本，瀏覽他們的文章，記錄裡面介紹的所有創業家。

然後真正的工作這才開始。能登上頂尖商業雜誌代表這位創業家做對了很多事情，同時也表示很多人都在爭取此人的注意力。我會研究他們最活躍的社交媒體平台、關注他們，並開始每天與他們發表的內容進行互動。

我很快就發現一件事：他們會注意到這些互動。擁有很多粉絲並不代表他們會忽略留言和訊息，他們會留意，而且一旦你成為忠誠、積極的追隨者之後再提出要求，他們首肯的機會就會大大增加，因為你在他們的世界裡是一個有價值的人，這很重要。

由於現在我已經取得了一定程度的成功，可用第一手的經驗來佐證。我收到很多合作邀約的訊息開頭都類似這樣：「嗨，約翰，我相信你收到成千上萬則像這樣的私訊，還交由專門的團隊負責回應，但我還是想邀請你……」事實是，大家都先入為主地認為我都每天收到大量訊息，反而很少有人真的傳訊息給我，這讓我可以親自回覆收到的每則私訊。

我剛開始邀約節目的理想來賓那個時期，就在向賽斯．高汀發送電子郵件時親身體驗到這件事。他一小時之內就回信問我：「下午一點如何？東岸時間的明天你可以嗎？」

我的下巴掉到地上，以此生不曾有過的速度取消牙醫看診。

我希望你能開始與想要聯繫的人接觸，雖然不太可能百發百中，但這絕對值得你投入時間和精力。

我下一個策略更是讚得不得了，同時證明製作一檔每日更新的Podcast是可能的。

我在谷歌上搜尋「今年最佳企業家會議」，透過搜尋結果編列了一份包含超過五十個會議的清單，但我的下一步並不是購買活動門票、機票和飯店房間，差遠了。我只是點閱那些活動的網站，瀏覽演講者的名單及他們的簡歷、演講主題和個人網站。

接下來就是利用這些訊息建立我的夢幻講者名單，並一一與他們聯繫。每看到一個我認為會是優秀來賓的人選，就會到他們的網站上找尋「聯絡我們」的欄位，並輸入以下訊息：

XXX您好，

我的名字是約翰．李．杜馬斯，我是《火力全開的創業家》這個商業Podcast

的主持人，節目每天都會採訪世界上最成功和最鼓舞人心的創業家。

我相信您會非常適合我的節目，如果能邀請您和我一起在家裡舒服地進行一段三十分鐘的純語音線上採訪（甚至不用梳頭髮或穿褲子！），我會倍感榮幸。

我看到您在○○會議上針對某某主題發表演講，這個主題非常適合我的聽眾。

如果您有興趣，請點擊下面的連結並選擇您方便的受訪時間。

如果這些時間都不適合，還請提供您方面的日期和時段，我一定可以配合您的行程安排。

感謝您花時間閱讀，並點燃內心的火力！

約翰・李・杜馬斯 敬上

我的回覆率和成功率在Podcast推出之前，就各達到百分之六十和百分之四十，代表我發送的每十則邀約中，就有四則能為節目請到一位完美的來賓。

成功的關鍵是我讓他們很樂意點頭；請讓我重複一遍，成功的關鍵是我讓他們很樂意點頭——我的訪談邀約讓他們可以輕鬆待在家裡談論一個他們擅長的話題。

永遠謹記，幸運會眷顧勇敢的人。投入工作、提出邀約，你會對自己取得多大的成功感到驚訝。

7. 你每周會留幾天用來創作內容？

當我聘請導師並加入智囊團時，就是為成功做好準備。導師是我想成為的那個人，可以指引我戰勝陷阱並確保我專注在重要的事情上。我的智囊團由十位處於Podcast旅程不同階段主持人所組成，其中包括由Podcast解惑大師克里夫・雷文史卡夫特所指導的團體。

但是，我從每個人那裡得到了一項有志一同的建議：

「不要嘗試做每日Podcast。你會失敗、苦無來賓、沒有時間，並且耗盡心力。你的聽眾會追不上每天的節目，他們會覺得沮喪並退訂。目前市面上沒有採訪成功企業家的每日Podcast是有原因的——這是不可能的任務。」

這個建議並沒有讓我感到困擾，反而讓我很興奮。如果世界上最成功的Podcast主持人告訴我這是不可能的，但只要我能找到方法來完成這件事，哇，這是一個多麼棒的機會！

我一直很喜歡這句話：門檻越高、競爭越低。如果能找到方法來製作每日更新的Podcast、採訪世界上最成功的企業家，我就能在此稱霸。我知道如果自己加倍努力，就無可匹敵。

再多走一英里路的路上你不會遇到塞車。——吉格・金克拉

我知道《火力全開的創業家》不是為了滿足所有人而存在，但知道有些人每天早上都迫切希望在醒來時，可以聽到一段鼓舞人心的創業家採訪。只要我能搞清楚如何製作出這檔節目，我就會是市面上唯一一家、別無分號，我也有信心能打造出越來越值得收聽的節目。

因此，我停下來想清楚，為什麼大家都如此固執地認為日更的Podcast永遠行不通？然後我突然想通了。他們想像我每天早上起床、安排訪談、主持訪談、剪輯訪談、寫節目筆記網頁、發布訪談，然後一邊經營社交媒體。

這個時間表意謂著我將消耗一整天的時間在發布和行銷單一集節目。如果中間有什麼該怎麼辦？如果我生病了，怎麼辦？如果來賓生病了，怎麼辦？如果停電了，怎麼辦？如果這樣那樣，怎樣辦？

以這種方式思考會很可怕，我可以理解為什麼同行的頂尖主持人會給這樣的

建議。如果要每天推出一集節目，我就必須想出更好的辦法。

就在那時，我靈光一閃：如果不是每天製作一集，而是每周選一天一口氣錄完八次訪談呢？

每次的訪談我會安排一個小時的時間，對於每集二十到三十分鐘的節目能提供充足的緩衝內容。我會在八小時內完成八集，乾淨俐落，足夠應付一整周，還有額外的一集進度。

我把這個想法告訴智囊團時，大家認為我瘋了。一天八次訪談？你會筋疲力盡的！我沒有反駁，這的確是很龐大的工作量，但我回想起在伊拉克執行任務時，一天內投入十六小時工作，我還回想到高溫、沙塵和危險。

每周一天，在有空調的家庭辦公室裡坐八小時、與鼓舞人心的創業家聊天，這麼做真的有那麼瘋狂嗎？很明顯，答案是否定的。如果我將每個訪談日都當成個人的「超級盃」比賽會怎樣？

這當然會是漫長而艱鉅的一天，但是等到太陽下山時，我手上就會有八次訪談的音檔，感覺很棒。我對我的「超級盃」之日有全然的信心。有了這種新的觀點和任務目標，我的下一步就是選擇要在哪天錄製這些訪談，仔細評估之後，我決定訂在星期二。我可以利用星期一做好充分的準備，星期二錄完全部的訪談，這星期剩下的時間就能用來休息，並專注於其他我需要參與的業務。

以超過兩千五百集的節目而言，這種分批處理的方式很適合我。我在業務的每個環節都採取類似的分批處理方法。星期二是訪談日；星期三用來剪輯、製作節目筆記和安排節目順序；星期四是留給我待辦事項清單上的雜項任務；星期五用來創作下星期的社交媒體貼文和電子報。周末可以放鬆、充電，如果有時間和機會還可以多完成一些任務。星期一的重點是為這禮拜定下基調，確保我能為即將發生的事情做好準備。

我開始把這稱為「像A咖球星那樣分球」（batching like a baller），我很愛這種方式。多年來，隨著團隊成員增加並完善整體系統和流程，我每周的行程安排有了一些變化，但「每個星期的哪一天要專門做什麼」這一點從未改變過。它讓我可以做到Podcast領域中其他人認為不可能的事情：連續兩千天每天更新節目，獲得超過八千五百萬次的下載數，並創造出財務自由和充實的生活。

8. 誰負責督促你的計畫進度？

我在創業之旅的一開始便加入的智囊團，事後證明這是絕佳的決定。我最初分享想要經營日更Podcast的想法時，智囊團的每個成員都想說服我放棄；然而，他們看到了我的決心和努力，就轉為全力支持。老實說，他們當時懷疑的態度，讓我投入了雙倍努力。

我們的智囊團每個禮拜都會開會，分享大家過去七天的勝利，為自己當前的奮鬥尋求指導和支持，並設定下一周的目標。我在每周都設定了大膽的目標。

所有的魔法都發生在你的舒適區之外。——匿名者

我所有的目標都在舒適區之外。我尊重智囊團中的每一個人，大家都在追逐夢想，把自己置身在此，努力認真。當這樣的一群人聚集在一起時，就會發生一些特別的事情。你們不想讓彼此失望，因此你到達的距離會比原本想像的更遠、飛得比你以前夢想的更高。

我記得有好幾次，我在智囊團開會的前一天仍未完成上一周設定的目標。如果我是單打獨鬥的話，鐵定會更改完成的期限。不過與此同時，智囊團中的其他九個人整個星期也都在努力完成上一周的目標，他們也期待我做同樣的事情。

我想像了一下自己明天在會議上告訴大家沒有完成目標的原因，但我不會得到任何同情。他們只會跟我深入探討失敗的理由，追問我為什麼未能實現本周的

目標。

既然知道等著我的是什麼，我就會全力以赴，繫上安全帶、狂踩油門，盡力完成目標。在整整一年中，我從未錯過自己設定的內容創作計畫期限；我制定了計畫，並與智囊團分享，每個禮拜都能看到進展。

當每周都有一群人驅使你負責時，能獲得的成就是很驚人的。你需要這個，為什麼？人很容易失去動力，很容易迷失方向，很容易屈服於不知所措，很容易掉入創業的深淵。

你的智囊團就是你的救命索，他們可以成為你的磐石。你可以向他們抱怨、分享恐懼、釋放煩惱，也可以提問、尋求指導和回饋。

他們也在經歷相同的情緒並有相同的問題。就像你需要他們一樣，他們也需要你。在幫助他人度過掙扎的同時，你會感受到溫暖和快樂，這會增加你的動力。你們同舟共濟。

那些走上非凡成功之路的人有負責任的合作夥伴，以確保你堅持自己的內容創建計畫。第六章的焦點就在你旅程的這一方面，因此請參考它作為你建立或加入完美智囊團的指南。

9. 你預計在每個月哪天保留出時間，用以評估和調整內容製作計畫？

正如先前分享的那樣，AAR（行動後評估）是我在軍隊中所做的最有價值的事情之一。我們身為世界上最優秀的軍隊，還犯過無數錯誤，這些AAR使我們能夠反思自己的錯誤、調整行動並改進流程，讓我們在未來變得更好、更有效率。

身為創業家，我們每月需要至少做一次同樣的事情。就我個人而言，我選擇在每月最後一個星期五進行。我在行事曆上留下四個小時進行這些行動後評估，以確保每個月都會執行。在最後一個星期五來臨前的整個月裡，每當我完成一項專案或認為有一些值得增加的新東西時，都會打開AAR行事曆，將內容添加到項目列表中，這些項目將成為當月評估的一部分。在時機成熟時，我會開啟行事曆並逐項處理。

多年來，我發展出以下問題來幫助我的AAR：

1. 這個專案的目標是什麼？
2. 我完成目標了嗎？
3. 哪部分進展順利？
4. 哪裡做得不好？
5. 我從這個專案中學到了什麼？

6. 該專案是否符合我的業務核心價值觀？
7. 我會再做類似的事嗎？
8. 下次我會採取什麼不同的做法？
9. 我可以採用哪些系統和流程來改進執行？
10. 這是我需要花個人時間做的專案嗎？還是我可以委託團隊中的某個人或外包出去？
11. 這為我的業務增添什麼具體價值？
12. 還有誰在做這樣的專案，我可以研究和參考？

以下是我如何成功進行AAR的真實範例。

1. **這個專案的目標是什麼？**舉辦我的第一次網路研討會，宣傳我新推出的Podcast社群「播客天堂」。
2. **我完成目標了嗎？**是的，我成功舉辦網路研討會，有超過一百五十人參加培訓，十四個人購買播客天堂的會員。
3. **哪部分進展順利？**我的主題演講進行得非常順利，提供了很多價值，覺得都有順利地傳遞出去。

4. **哪裡做得不好？**與會者在即時聊天室提出很多精彩的對話和問題，但我太緊張，只專注在簡報上而忽略了大家的留言。錯過這些互動真的很可惜，因為吸引與會者是建立融洽關係、消除購買障礙的好方法。

5. **我從這個專案中學到了什麼？**我了解到網路研討會將是提供有關Podcast的龐大價值的好方法，也是向大家宣傳加入播客天堂會員的絕佳時機。

6. **該專案是否符合我的業務核心價值觀？**絕對符合。提供免費、有價值且一致的內容是《火力全開的創業家》的目標。

7. **我會再做這樣的事情嗎？**如果大家繼續出席，我每個月至少會舉辦兩次這樣的培訓。

8. **下次我會有什麼不同的做法？**我會希望凱特（稍後會詳細介紹她）能幫忙主持聊天室，並及時告訴我大家提出哪些重要的相關問題，好讓我能回覆。

9. **我可以採用哪些系統和流程來改進執行？**我會改進我們的電子報排序，以便與會者在網路研討會開始之前，就獲得需要的所有資訊。有很多問題本來可以在網路研討會之前就回答，這樣能讓與會者專注於研討會內容。

10. **這是我需要花個人時間做的專案嗎？還是我可以委託團隊中的某個人或外**

包出去？我需要成為這個專案的負責人。對我而言，重要的是要提供培訓、提升我的演講技巧、回答問題並跟與會者互動。我會請團隊成員來處理流程的其他部分，但我會繼續領導會議過程。

11. **這為我的業務增添什麼具體價值？**這場網路研討讓我可以新的方式向聽眾提供免費價值，增加他們對我們的信任。此外，還讓我成為Podcast領域的專家，同時提升我們創立的優質社群「播客天堂」的曝光率。

12. **還有誰在做這樣的專案**，我可以研究和參考？劉易斯．豪斯（Lewis Howes）和羅素．布蘭森（Russell Brunson）都是網路研討會的大師。我會報名他們的培訓課程，看看我們的研討會還可以進行哪些改善。

以上只是我在每月最後一個星期五所做的多個AAR之一。做AAR能幫助你了解什麼部分在你的業務中有用，又能如何改進，以及如果可以的話，要怎麼讓效果加乘。我正是藉由這些AAR才意識到80／20規則是如此不可動搖：你百分之八十的收入和影響力將取決於你百分之二十的活動。每月進行AAR將幫助你辨別和提高那百分之二十，讓業務變成一個精鍊、俐落、創造收入的機器！

凱特・埃里克森分享關於建立內容製作計畫

如果你忙到無法構建好的系統，那就是一直都太忙了。——布萊恩・洛格

凱特找到她夢寐以求的工作。在銀行的人力資源部門工作多年後，凱特終於找到了一份喜歡的工作，在一家精品廣告和行銷公司擔任客戶經理。

凱特看過兩次《廣告狂人》影集，知道自己即將展開一場活力四射、充滿挑戰和充實的冒險。曾有一段時間，這就是她所想要的一切，直到它變質的那一天。

公司最大的客戶交給凱特負責，她知道這段關係的重要性，也竭盡全力讓客戶滿意。但這並不容易，最終她對工作的耐心和熱情開始消退。

她的男朋友約翰（就是我！）邀請她加入他剛剛起步的Podcast公司時，她一開始拒絕了。她在那間廣告行銷公司學到很多東西，也實在很想證明自己可以

處理那些瘋狂的加班和不切實際的完成期限。但在三個月後，也就是二〇一三年時，我再次詢問凱特的意願，她終於意識到該放下代理商職涯，因為自己一直過度美化這份工作；眼前是一個不能錯過的新機會。

我知道凱特在注重細節和組織方面有天分，所以讓她負責建立系統和流程，這些系統和流程後來成為《火力全開的創業家》的引擎。凱特建立了我們第一版的內容製作計畫，一年後《火力全開的創業家》成為年收入數百萬美元的企業。凱特的下一場冒險正式開始了。

時間快轉到二〇一三年，凱特已經花了一年的在精進內容製作計畫流程，現在該來測試一下了。自二〇一二年的上市日以來，這是我們第一次打算好好度個假，我們兩周內會到歐洲多處遊歷。我們的目標當然是完全脫離工作，相信我們的團隊可以處理一切。

凱特創建了一個特別的Gmail帳號，僅供我們團隊在緊急情況下使用。我們帶著些許忐忑登上了飛機，告別了《火力全開的創業家》的日常運營。沒想到這次旅行大獲全勝！那個緊急Gmail帳號完全沒有動用到，業務仍然蓬勃發展。凱特發現有機會將我們的「假期內容製作計畫」整合到日常運營中。

接下來的每一年，我們都將假期延長十五天。二〇一五年時我們休了三十天的假，二〇一六年是四十五天，二〇一七年是六十天，二〇一八年則享受了整整七十五天的假期。二〇一九年，我們利用九十天假期的環遊世界，從波多黎各出發，前往科羅拉多、斐濟、東歐和西歐，最後回到波多黎各的家中，我們真的好好測試了這套系統的極限。

一直以來，我們的業務每個月持續產生六位數的淨利潤，這都要歸功於系統、流程和內容製作計畫完美無缺。以下是凱特制定成功內容製作計畫的七個關鍵：

1. 了解你的主題：你要特別關注／針對什麼樣的創作內容？這應該是基於你的熱情／專業知識（好球帶）以及你已確認的化身想要／需要的內容。
2. 設定一個目標：每一個內容都應該要有目標和CTA（行動呼籲），告訴你的受眾接下來要採取什麼步驟。無論是部落格文章、Podcast節目、社群貼文、影片……請讓你的聽眾更容易與你一起邁出下一步。
3. 選擇一種媒體：理想情況下，一次只要專攻一種媒體就好，等到為這種媒體建立完整的內容計畫之後，再來考慮擴張規模。舉例來說，如果你有興趣建立部落格和Podcast，請先選擇一個開始，制定好內容計畫，然後在一切順利運行後開始經營另一個。有助於確定哪種媒體最適合自己的好問題是：「我的化身會在哪裡閒逛？他們想消費什麼內容？」而測試不同媒體的好方法是重複利用。一旦你選好要經營的媒體，請在不同的社群平台上充分利用創作出來的內容。根據媒體實質帶來影響，確認潛在的重點區域。

4. 確立頻率和長度：一致性就是關鍵，所以你應該盡早確定更新頻率。你必須誠實思考有多少時間可以達成，並確保有考慮到你的化身想要什麼。每天更新可能會讓他們不知所措，而一篇需要二十分鐘閱讀的部落格文章也可能太多；在確立頻率和長度時一定要考慮到這些。

5. 建立格式：無論是模板、大綱還是清單，都應盡早準備好。例如，我每錄製一集Podcast節目，都會先看看累積下來的點子清單，確保自己永遠不會浪費時間在決定節目應該談什麼主題。我每集節目都套用相同的開場白、背景音樂和問候語，接下來會介紹我們這一集要討論的主題，然後走過一系列討論流程之後，會再總結一下今天的內容。節目每次也都是套用同樣的結語，最後我會提出行動呼籲。有了這些模板、大綱或核對清單，你可以在每次都按照相同格式執行，非常輕鬆地創作出內容。這套方法適用於任何媒體：部落格、Podcast、影片、社群貼文等等。請建立一種你每次都可以遵循的格式，而屬於你的格式有著許許多多的可能。

6. 得到回饋：一旦你開始發布內容，請務必向受眾徵詢回饋意見。這是確定哪些部分有效、哪些可以改進、你可能想要測試什麼的關鍵步驟。徵求回饋有很多形式，甚至可能是你對某些內容的行動呼籲，例如「我很想聽聽你從今天節目中得到的最佳收穫，歡迎寫電子郵件告訴我」。或者，你可能會透過社群媒體接收回饋，例如回應粉絲留言或訊息。另一個不錯的選擇是，直接透過電子郵件或其他類型的延伸活動，向他們索取回饋。
7. 把計畫落實到位：請安排你的每日行程吧！現在你有了穩定的基礎，該把它們整合到一個行事曆上面了。請好好規劃能夠讓你提前製作好一個月內容的計畫。如果你是製作每周更新的Podcast，總計畫可能如下所述：

- 星期一，上午9:00到上午11:00：準備四集節目的內容。
- 星期二，上午9:00到上午11:00：錄製四集節目。
- 星期三，上午9:00到上午11:00：剪輯並上傳四集節目並安排社群貼文。

如果你能按照這個計畫執行，就能一直預備好一個月的節目量，算起來只需要每個月連續三天花六小時就好！當然，你的計畫會跟我前面所述有所不同，但只要你始終如一地堅持下去，就永遠不必擔心內容創作會進度落後，這也代表你有更多時間來擴展業務。用凱特自己的話來說：「我們的內容製作計畫確保Podcast的聽眾多年來持續增長，而花的廣告費用很少，這讓我們能夠提高生活和業務中的自由度和成就感。」

（你可以在 EOFire.com/about上了解更多與凱特有關的資訊。）

8 打造內容

內容不是王，內容是整個王國版圖。——李・奧登

你的內容製作計畫已就位，現在該來執行了。不幸的是，「執行」是最難的部分，這就是為什麼絕大多數創業家沒辦法慶祝創業一周年。

有想法是令人興奮的，與他人分享想法很有趣，想像你的想法能改變世界、並為你及所愛的人創造財務自由和充實的生活，真是太好了。但是，日復一日、周復一周、月復一月地實踐並完成工作，就完全是另一回事了。通往非凡成功的平凡之道的三要素是製作免費、有價值且一致的內容。三重奏中最難的部分是什麼？答案是「保持一致」。

大多數人都可以按表操課，坐下來創造一段非常有價值的內容，甚至是做到兩次。哎呀，我已經看到成千上萬的人連續一個月達成這個目標。但是，默默無聞的創業家和那些取得非凡成功的創業家之間，有什麼差別呢區？就是一致性，

而且不是保持一個星期或一個月，而是以年計算。

人是很難在那麼長的時間內保持一致，而且很容易停下來。如果你的理由不夠充分，你也會停下來。每個人都有不同的原由，盡早並時時確認你的動機非常重要。

我在前兩千集節目中會問每位嘉賓一個問題：「請與我們分享您『叮咚』的時刻，那個出現可行、並帶領您達到當前成功的想法的那一刻。」我一開始並不以為意，但是在受訪嘉賓提到他們生活中與「叮咚」時刻重疊的特定事件大約四十次之後，我突然醍醐灌頂。

你能猜出那是什麼人生大事嗎？他們有了孩子。

這乍聽之下很違反直覺，新生兒不會讓生活陷入混亂嗎？你不是會少掉更多時間？照顧新生兒不正是暫停手邊工作的最佳理由嗎？我知道自己必須深入挖掘「真相」。我發現，沒錯，小寶寶可能會讓你的生活陷入混亂、占用大量時間、並給你停下工作的最佳藉口，但是他們會給你帶來「動機」。

重要的是要記住，請回到我們的核心，我們都是人。當我們嘗試新事物時，自然會產生懷疑、恐懼、壓力和焦慮，尤其是當新事物可能行不通的時候。

這種懷疑、恐懼、壓力和焦慮讓我們存活了數萬年，這就是為什麼老祖宗不會在晚上的叢林隨興漫步、害自己被劍齒虎吞下肚，而是蜷縮在山洞裡、與營火和同伴待在一起。他們存活、繁殖、傳遞了他們的懷疑、恐懼、壓力和焦慮，而現在你正在閱讀這些句子。

我的重點是什麼？重點是，體驗到這些情緒是正常的，當你的理由、動機不夠強烈時，就會找藉口避免做觸發這些情緒的事情。

儘管你做這項工作的意念很誠實，但數千年來的懷疑、恐懼、壓力和焦慮會試圖阻止你。這些情緒希望保護你不去嘗試那些新的、可怕的事情，以免你受到傷害；它們希望你堅持走在安全可靠的道路上。

然而，創造財務自由和充實的生活需要你走出舒適區，你必須接受懷疑、恐懼、壓力和焦慮的情緒，並超越它們。這是你能夠克服恐懼並創造世人所需內容、取得非凡成功並影響世界的唯一途徑。

回到前面提到的嬰兒效應。坐下來面對恐懼、進行工作是很可怕的。但什麼事情更可怕？那就是無法養育你的寶寶。

你還沒有寄送的那些電子報？按下送出。那些原本因為「你不喜歡自己的聲音」而沒有錄製的Podcast或影片？現在大功告成。你遲遲無法動筆的第一個線上課程的大綱？啊，一個小時就完成了。

怎麼可能有這麼大的差異？有很多原因，但主要是以下這個：因為「拖延執行任何獲得非凡成功所需的事務」現在變成更令人恐懼的事了。無法取得穩定的收入來撫養孩子，變得比打電話給潛在客戶更可怕。

在此之前你可能沒有明確的動機，所以傾向選擇比較簡單的雜事來做，而非執行真正的任務。現在你讓自己只有唯一選擇，就是傾全力去做這項工作。

你現在的時間更少了？這是好事。知名的帕金森定律指出：「工作總會填滿所有可用的完成時間。」比方說，如果你有一整天的時間做一件事，你就會拖一整天——因為你有一整天的時間可以慢慢摸。但如果你只有一個小時的時間做所有的事情時，你會立刻進入專注模式，然後把所有的工作趕快完成。

所以，為什麼有這麼多來賓「叮咚」時刻與他們孩子的誕生重疊？孩子出生之前，他們缺乏自己的動機，就是不想好好做該做的事，一邊分心、一邊想著「總有一天事情會自己水到渠成」；孩子的誕生將「總有一天」變成了「今天」，所有的藉口煙消雲散。過去執行工作任務產生的懷疑、恐懼、壓力和焦慮，現在都集中在擔心沒辦法好好撫養孩子這件事上，「認真創業」成了首要任務。

我也不是要你現在去生個小孩，我要說的是：你需要找到你的動機。你需要找到一個比「做就對了」更重要的理由，當懷疑、恐懼、壓力和焦慮開始蔓延時，你可以藉由重新記起這個動機，督促自己好好工作。

我打造了一套流程來應對懷疑、恐懼、壓力和焦慮找上門的時刻。這沒什麼好隱瞞的，我是個普通人，這些都是完全自然的情緒。我面帶微笑地感激這些情緒的出現。

為什麼？因為我知道競爭對手也都經歷過同樣的情緒，大多數人都選擇臣服。一旦讓懷疑、恐懼、壓力和焦慮獲勝，這些競爭對手就會暫時停下手上重要的事務。所以我微笑，並擁抱懷疑、擁抱恐懼、承認壓力、接受焦慮。然後，我回想自己的動機，跨越情緒並持續創作內容。當障礙越高，競爭就越低。

懷疑、恐懼、壓力和焦慮是巨大的障礙，所以如果你和我一起擁抱這些情緒並超越它們，你就真的走上了通往非凡成功的平凡之道。

我如何製作內容

我剛展開創業之旅的時候，對內容製作毫無概念。我沒有計畫、沒有生產力、沒有紀律、注意力不集中；我沒有走在通往非凡成功的平凡之道上。

謝天謝地，我找出修正航程的方法，但這需要時間，而且並不容易。我曾遇過很多嘗試和錯誤，得到許多來自導師的指導、智囊團的指引，也從《火力全開的創業家》的來賓身上學到很多東西。

慢慢地，我開發了一個系統。這個系統讓我變得更有效率，也變得更加自律；有了這個系統，我變得更加專注。

我每天都會改進系統的某些部分。《火力全開的創業家》發展至今，已經變成了一台運轉良好的機器，我們點燃所有汽缸，以超高效的速度創作內容。

我發現這個系統之所以成功，是因為掌握了三件事：生產力、紀律和專注。我決定弄清楚為什麼這三個特徵如此重要，以及自己該如何在每個領域繼續進步。

生產力

大多數人認為自己是很有生產力。不，他們並沒有。他們是很忙，但忙碌並不等同於生產力。

我們每天都有需要做的事情，但這些事情並沒有讓我們更接近財務自由和成就感，這沒關係。然而，那些走在通往非凡成功的平凡之道上的人，會確保每天都留下時間在正確的領域發揮作用。

我對生產力的定義是：為你的化身製作正確的內容。忙碌和富有成效是兩件完全不同的事情，但前者就是大多數人過生活的方式，總是以每小時一百萬英里的速度進行、總是很忙。他們認為自己很有生產力，但從未接近目標和抱負，因為他們和真正的「有生產力」還差得遠了。

至於你，你正走在通往非凡成功的平凡之道上，會真的做到「有生產力」，那就是製作正確、有價值的內容，實現財務自由和成就感。

當我弄清楚有生產力到底是什麼意思時，也確定了自己的「生產時間」要用在哪裡。我是《火力全開的創業家》的主持人，負責採訪成功和鼓舞人心的創業家，所以製作正確的內容，就表示我該竭盡所能地執行最棒的Podcast訪談，其他事情只會讓我分心。

其他任何事情都只是「窮忙」。

紀律

我需要在生活中實施的下個步驟是紀律。我在美國陸軍擔任軍官時學到的一句話是：「作戰很難按計畫進行。」這句話也定義了大多數創業家的生活。

我們在晚上就寢前帶著「要實踐最大的努力」想法。我們打算在充滿熱情和活力的明天醒來，準備好解決冗長的待辦事項清單、並征服世界。但當我們醒來時，眼前是地獄般的景象——孩子們在吵鬧、狗在大便、門鈴在叫、電話在響。整個上午正式走鐘，連帶地下午也偏離原本的計畫，導致我們晚上得放棄原本打算「及時行樂」的想法。

這個循環會不斷重複，讓達成財務自由和成就感看起來像是遙不可及的夢想。我曾親身經歷這個循環，知道自己需要停止在失敗的邊緣徘徊，就在那一刻我下定決心要遵守紀律。

我對紀律的定義如下：成為行動計畫的忠實信徒。我再也不會帶著「盡最大努力的想法」在早上醒來了，而是確保早上醒來時，就已經有制定好的計畫等待我執行。我會在前一天晚上制定計畫，我稱這個「儀式」為「在今天戰勝明天」。

我知道如果讓自己那昏昏欲睡、「剛剛起床」的大腦負責的話，我將無法完成任何有意義的任務。但是，如果我在前一天就訂好一個穩如泰山的計畫，那麼除了執行之外也別無他法。這麼做能讓我盯緊自己的進度，要做的就是遵循計畫就好。

「在前一天寫下計畫」這個簡單策略改變了一切，現在我醒來時是有目標的，不再拖延，不再需要特別花腦力弄清楚自己今天應該做什麼，一切都清楚明瞭、沒有模糊地帶。

我成為為自己制定的行動計畫的信徒，我變得很有紀律。有很多人喜歡將我的「紀律嚴明」歸因於我待過軍隊，這樣他們才能對自己的缺乏紀律感覺良好。其實我和所有人一樣，都在努力跟那些干擾因素搏鬥。然而，透過「在前一天寫下計畫」，我控制了干擾因素、抑制拖延，並開始做重要的事情。

專注

如果你曾聽過幾集《火力全開的創業家》，就會知道專注是我最喜歡的詞。我之所以喜歡，除了這個詞代表的意涵之外，也因其為英文字母（Focus）可以輕鬆轉變為一句超棒勵志語的縮寫詞：

遵循一條航道直到成功（Follow One Course Until Success）

我相信這個概念是自己能建立一個價值數百萬美元商業帝國的最大原因，這個詞讓我做出沒人願意嘗試的事情。我專注地建立一檔每日更新的Podcast節目，採訪世界上最鼓舞人心和最成功的創業家；我創造出一些新的、不同的、獨特的和具有挑戰性的東西。

讓我帶你回到一九五四年五月六日。在那一天，羅傑．班尼斯特做到了不可能的事，他以3:59.40的成績打破了一英里賽跑的四分鐘紀錄。在此之前，許多人認為根據科學觀點，人類理論上是不可能在四分鐘內跑完一英里，但羅傑心無旁騖，僅專注於此目標，進而粉碎了這個錯誤的信念。突然間，其他人開始相信這是有可能的，在接下來的五年裡，出現了二十一個人用不到四分鐘的時間跑完了一英里。

這是巧合嗎？我不這麼認為。

自從《火力全開的創業家》推出以來，也有很多人推出了每日更新的訪談型Podcast，其中有些也取得很大的成功。在我打破「每日更新的訪談型Podcast不可能成功」這個錯誤信念之前，業內的頂尖主持人都說這是不可能的事。除了找到實現它的方法之外，我並沒有專注於其他任何事情，因為別的都不重要，沒有什麼可以分散我的注意力。我遵循了一條航道，直到取得成功。

我後來讓《火力全開的創業家》的業務多元化，但前提是我鞏固好最初的業務焦點。

剛起步的創業者面臨的一大難題就是注意力分散，他們有許多很棒的想法，並為每個想法各付出一點時間、精力和努力。他們帶著一路嘗試無數的想法，但總是淺嘗即止，自然無法給人深刻的印象或影響，他們卻對此感到震驚。那些走在通往非凡成功的平凡之道上的人，則是專攻某個利基並努力拓展深度。

成功的創業家往往專注於一件事、深入研究，並比任何人更願意服務自己的受眾，或者提供更優質的服務。如果你在利基市場上，無法提供比競爭對手更好的服務，那麼你的利基市場還不夠小。

我敢拍胸脯保證，《火力全開的創業家》從推出的第一天起就是：市面上最棒的「成功創業家採訪類」日更Podcast，同時也是最糟糕的（因為沒有其他競爭對手）。

看出來我做了什麼嗎？《火力全開的創業家》是這個利基市場唯一的玩家。只要你是想收聽成功創業家訪談、而且是每天上架一集新節目的人，那麼《火力全開的創業家》就會是你的菜。

這很重要，原因有幾個。首先，我知道節目剛推出時自己不會是表現優秀的Podcast主持人。我怎麼可能做得到？我從來沒主持過Podcast，需要時間來磨練訪談技巧並且重複地練習。雖然每天做Podcast可以讓我不斷練習，但在提高技巧的同時我仍仰賴聽眾的耐心，作為這個利基市場唯一的選擇，他們別無他法，只能耐心等待我的成長。

如果我在節日剛起步的時候，還打算一邊寫書和開設線上課程的話，我會一敗塗地。所以我僅專注於做好一件事。我填補了市場上的空缺，同時間僅專注於服務《火力全開的創業家》的聽眾。

多年後，這種高度的專注帶來了一個「叮咚」時刻。二〇一六年《火力全開的創業家》已經營了四年，每年產生七位數的收入，並且點燃所有汽缸，全力衝刺。在業務擴大的過程中，我依然持續琢磨我們的系統，但我們的成功很明顯源自這三個神奇詞彙：生產力、紀律和專注。

這三個詞彙引領潮流讓《火力全開的創業家》勢不可擋。成功會留下線索，成千上萬的人正在尋找《火力全開的創業家》成功的線索，因此我決定向大家揭曉。

我相信我的流程適用於任何將這三個簡單原則應用於其業務的創業家，所以花了三個月設計出《致勝日誌》（*Mastery Journal*），讓大家可以在一百天內掌握生產力、紀律和專注。在出版本書之前，《致勝日誌》是我有史以來最好的作品。在Kickstarter推出募資專案時，我的受眾很明顯需要這個解決方案，所以在為期三十三天的募資期間，每本售價三十九美元的《致勝日誌》取得了超過二十八萬美元的銷售額。

帕特・弗林分享創作內容

在創作內容時，請成為網路上的最佳解答。——安迪・克雷斯托迪納

二〇〇八年，帕特在建築業已經工作了幾年，最近剛考完LEED的建築師認證（譯註：此為美國綠建築委員會設立的認證）。在準備考試的過程中，他非常驚訝在網路上除了管理該考試的公司外，關於這個考試的資訊非常少。

通過考試之後，帕特製作了一本優秀的學習手冊，並決定製作成電子書在網上銷售。這個決定讓帕特淨賺超過二十萬美元。絕望的考生蜂擁而至他的電子書銷售頁面，並欣然支付費用，因為他們知道順利通過考試對自己的職業生涯至關重要。

可惜的是，帕特在參加考試後被資遣，他知道自己有兩個選擇：加入其他數千名被資遣的建築師行列，為了面試下一個職缺跟大家搶破頭；或者他可以轉

行，認真推廣他的學習手冊，並建立一個網站。幸運的是，帕特選擇了第二個選項，推出了一個名為SmartPassiveIncome.com的部落格。

帕特經過反覆試驗開發了一套公式，套用到創作的每個內容上面，讓他可以觸及更多人、教導更多人，並產生更大的影響。帕特的公式是：

1. 心中要「以終為始」，反向進行你的內容創作。先確定你希望為受眾帶來什麼樣的轉變？內容的目的是什麼？你的目標是什麼，你的指北星為何？
2. 創作內容時，善用故事、步驟指引、案例研究和名言佳句的力量。
3. 把你的所有想法寫成一份清單；大腦很擅長提出點子，但非常不擅長進行組織。
4. 將想法按照執行順序和重要性組織起來。請從第一步一路寫到最後一步。
5. 打造誘因。什麼元素會吸引你的受眾，讓他們願意成為你的死忠粉絲呢？內容的最後能埋下什麼誘因讓他們繼續消費新的內容？
6. 設好標題。請確保標題清晰、簡潔並使用到關鍵字，這樣能讓你的內容在SEO（搜索引擎優化）中有良好的排名。

完成上述步驟後，帕特已準備好製作他的貼文、Podcast和影片。用帕特自己的話來說：「收入是你所提供的服務的直接副產品。請設身處地為受眾著想，替他們的困境提供解決方案。如果你能為你的受眾提供小勝利，未來就有機會獲得更大的勝利，這帶來更大的成功。」

（你可以在SmartPassiveIncome.com上了解更多與帕特有關的資訊。）

9 上市

我們妨礙自己最危險方式就是等待完美時機才開始。第一次、甚至前五十次，都不可能會完美運作。一切都有學習曲線，開始就是這樣——就是開始。請放棄自己想要在第一次嘗試時就達到完美的願望，這是不可能的。學會學習、學會失敗、學會從失敗中學習。——維蘿妮卡・圖加萊娃

完美主義是個詛咒，我敢肯定你說過類似的話：「我真希望自己沒有那麼追求完美主義。」哎呀，我們都這樣做過。

揶揄自己曾經犯過錯誤不是什麼羞恥的事，真正羞恥的是一直這樣做。完美主義糟透了，很多人選擇拿這個詞當擋箭牌，這樣永遠就不必面對失敗、恐懼或被人拒絕的可能性。就讓這些永遠不會嘗到非凡成功滋味的人，繼續活在完美主義的童話中吧；讓他們繼續龜縮在這個詞的後面躲避現實。在未來的歲月裡，他們如果意識到自己一生所取得的成就微乎其微時，會後悔自己沒有採取行動。

不過你不會這麼做。在通往非凡成功的道路上，你會不完美地、笨拙地、跌跌撞撞地向世界發出你的聲音、訊息和使命。你會跌倒、會掙扎，也將學會如何學習、學會失敗、學會從失敗中學習。最棒的是什麼？你會存活下來。這個過程會一遍又一遍地重複，然後在某個神奇的日子就會發生一些事情，讓你的生活再也不同。你會看到非凡成功就在眼前成行，而在那之前你所忍受的艱辛和掙扎，都將隱沒在滿足和奉獻的回憶中。

他們一開始忽視你，然後嘲笑你，然後和你鬥爭，而最後的贏家是你！

——聖雄甘地

然而，在你「上市」之前，這一切都不會發生。我到目前為止一直在指導你為這一刻做好準備，現在一切就看你的了。「發射」的紅色按鈕就在你的手中，去吧，按下它，已經到上市的良辰吉時了。

我的上架故事

雖然你前面已經讀過部分的經過了，但我認為完整分享一次很重要。那時是二〇一二年八月十四日，我已經接受了導師兩個月的指到，完成四十次的訪談並準備要上架節目。我的網站已架設完成，社交媒體帳戶處於啟動狀態，電子報上的「我要訂閱」功能執行順利。明天就是大日子，我這幾個月來一直都在為這天努力。《火力全開的創業家》即將推出，我的遠大理想即將成真。

如果你對初版產品並不覺得尷尬，那麼你就上市得太晚了。
——里德．霍夫曼

那天晚上我幾乎沒睡，輾轉反側，做了一些跟上架節目有關的惡夢。凌晨四點半我突然驚醒，恐懼的雙手牢牢地掐住我的脖子。

我還沒準備好。《火力全開的創業家》還沒有準備好。我必須停止這件事，我現在必須停止這件事！

我從床上跳起來，衝到電腦前，慌亂地取消了本來計畫在幾個小時內上架的所有相關內容，然後寫了一封簡短的電子郵件給我的導師，解釋我為什麼要延後上架時間。我一送出這封信就知道自己寫了一堆廢話，但恐懼控制著我的一舉一動。

既然上架日期延後了，我立刻鬆一口氣，坐了下來。心想，我以些微差距躲過了一劫！我的網站並不完美，社交媒體的企劃也不完美，電子郵件的「我要訂閱」設計也不完美，現在我有兩周的時間讓一切變得完美。

我在寫這段內容時，覺得那時的自己實在很蠢。我不知道通往非凡成功的平凡之道就是充滿了不完美。

我延後從原本的兩周變成了三周，三周變成四周，四周變成五周……我躲在完美主義的高牆後，渾然不知它正在威脅我努力打造的一切。

最後，是我的導師出手救援，並寫下救了《火力全開的創業家》的一段話：

約翰，我知道你幹嘛，我也知道為什麼，因為我也曾經處在同樣的狀況中。把你的作品公諸於世感覺很可怕，尤其是當你知道它還不是那麼好的時候，但你必須這麼做。事實上，這是我的最後通牒，如果你本周再不上架，我會開除你學徒的身分。

這段話震撼了我，比上市更令我害怕的唯一一件事，就是失去導師。因此，在二〇一二年九月二十一日，我讓《火力全開的創業家》上架，將這個非常不完美的作品公諸於世。

回想起來，我確切知道為什麼自己在上架當天感到恐懼。我生活在上市前的美好幻想中，一切皆有可能──取得超越自己預期的巨大成功是可能的，招致地獄般的失敗也是可能的，更別說落在這兩個極端中間的任何事情，全都是可能的。

我知道《火力全開的創業家》是個好主意，知道它可能會奏效，但也知道這可能行不通。只要待在上市前的幻想泡泡中，我就可以繼續期待最好、最光明的未來。但是一旦按下「發布」，泡泡就會破滅，現實就會現身。在現實等待我的可能是美好的結局，也可能有悽慘的結局。為什麼我不乾脆在舒適的「假設」泡泡中多待一陣子呢？如果《火力全開的創業家》不可行，讓可能出現的痛苦晚點找上我，有何不可呢？

這些想法都發生在潛意識裡，我甚至沒有意識到自己是這樣想的，直到我花時間反思自己為什麼一再拖延才發現。我見過無數創業者陷入和我一樣的上市前幻想，我的導師充滿同情心地戳破我的泡泡，但並不是每個人都這麼幸運。

我見過不少創業家本來擁有驚人的產品，卻在起步階段步履蹣跚，選擇精益求精。他們從不上市，最後無可避免地消失在虛無中，被自己的恐懼、懷疑和「如果……怎麼辦」消耗殆盡。他們的作品從未有機會與世界分享，他們想傳達的訊息也不曾影響任何人。

你正走在通往非凡成功的平凡之道上，所以我們一定行動，雖然動起來很醜陋、笨拙、充滿害怕，但重要的是，我們上市了。

走上非凡成功之道的《火力全開的創業家》企業家案例

傑夫．沃克談論上市

讓事情開始的方法是停止說話，動手去做。——華特．迪士尼

在邀請傑夫．沃克為這一章貢獻一點內容時，他笑著說：「當然，我可以將二十五年的經驗塞進這個篇幅內，我盡力而為。」

傑夫最初是一個全職爸爸，他的第一次「上市」是在一九九六年，那時他在股票市場中寄送免費的電子報有好一段時間了，傑夫決定該讓自己的內容變現了。

但有個大問題：傑夫沒有行銷或銷售經驗。最重要的是，傑夫本身對於「推銷」這件事感到不太舒服。為了克服這些缺陷，傑夫決定為他的受眾提供極其豐富的內容，棒到讓他們無法拒絕。

在接下來的幾周內，傑夫兌現了這個承諾，提供客戶極其詳細的股票市場報告，價值匪淺，然後他請大家付費購買服務。一周後，傑夫賺了一千六百五十美元，這筆錢改變了他的人生，讓他全心投入這門生意。這筆收入證明受眾會購買他的服務，也證明大家願意購買有價值的線上服務——那時可是一九九六年！

這是傑夫的勝利時刻。既然他成功了一次，為什麼不能一次又一次執行呢？也許可以增添更多價值？他的服務是有可能更上一層樓的。

傑夫的下一次推出的內容價值六千美元，第三次價值八千美元……幾年後，傑夫推出了價值三萬四千美元的內容。

傑夫帶著一大家子在科羅拉多山區找到了夢想中的家，但是需要付頭期款，這個需求激發了讓傑夫聲名大噪的那個上市計畫。

他打造出迄今最優質的內容，讓受眾大為期待，並在推出後的七天內達到十萬六千美元的收益。這讓傑夫大吃一驚，他之前在公司領薪的生涯中，年收入從未超過三萬五千美元，但現在一周內就賺進十萬六千美元。

你現在可能很想知道「上市」到底是指什麼？這邊我們要先談談好萊塢。電影製片商推出一部新電影時，當然不會讓它隨便就在某一天突然上映，而是事先排好宣傳期，他們會製作預告片、安排演員接受訪問，以在首映前盡可能多加曝光消息。我也建議你這麼做。你會希望大家在你的服務正式上架前，就抱有高度期待，你會想製造一點聲浪。

二〇〇五年，傑夫推出了「產品上市方程式」課程，幫助其他人學習如何成功發表自己的產品和服務。傑夫和他的團隊每年都會更新課程內容，十五年來，你所能想到的每一個地區、語言和利基市場中，都有人使用傑夫的上市方程式。

傑夫出版了《一周賺進300萬！網路行銷大師教你賣什麼都秒殺》一書，立即成為《紐約時報》暢銷書第一名。在產品上市方面，傑夫是公認的領導者，他喜歡與那些尋求成功推出產品的人，分享自己多年來獲得的智慧。

以下是傑夫給大家的精華內容：

1. 上市讓你在市場上成為首選資源。
2. 大家可以付錢的對象有無數的選擇。如果你想成為他們願意掏錢對象，就必須脫穎而出。
3. 「希望行銷」（譯註：hope marketing，指毫無章法的行銷方式，通常是照搬別人的成功模式，但不去思考背後的策略跟是否適合自己）好發於你創造了一項產品，並希望有人向你購買時。

4.「希望行銷」永遠行不通。

5. 精心設計、有組織的產品上市將為你提供所需要的銷售動力，並確保你在第一天就有銷售成績。

6. 銷售是你企業賴以生存的氧氣，它讓你能建立自己的團隊、促進行銷，並改善你的產品或服務。

7. 銷售讓你能做成生意，而且讓你繼續做生意。

8. 請保持領先其他人一步，繼續推出產品，並從錯誤中學習，讓每次上市都變得更好。

傑夫現在透過「產品上市方程式」就進帳超過十億美元的銷售額。用他自己的話來說：「上市觸手可及。你需要做的就是提前提交價值、建立期待並進行精心設計的上市。你最終需要的是上市，不能依賴希望行銷。」

（你可以在JeffWalker.com上了解更多與傑夫有關的資訊。）

10 準確點出化身最大的掙扎點

每個問題裡都藏著一個機會。——羅勃特・清崎

大家對通往非凡成功的平凡之道有一個嚴重的誤解，使大多數人甚至無法邁出第一步：他們懷疑自己是否有能力定位出能創造收入的遠大理想。這種懷疑會演變成恐懼，而恐懼讓人癱瘓，一切都停止了。

這不會發生在你身上。為什麼？你在平凡的道路上，而且這條路清楚又直接了當。你已經定出遠大理想，往下探究利基服務市場，創造化身並選擇平台。你有導師指導，並且加入（或建立）了一個智囊團。

現在，你只需進行下個步驟即可。什麼步驟？精確點出化身最大的挑戰。

遵循前面幾章的指導，你將在選定的平台上製作免費、有價值且持續更新的內容，可能是Podcast、Vlog、部落格、社交媒體或其他平台，甚至是以上各類的組合。只要穩定為你的化身製作免費且有價值的內容，粉絲自然會增加。他們會開

始了解、喜歡並信任你。接著，你就要與受眾互動，問他們四個簡單的問題：

1. 你是怎麼知道我的／找到我的內容的？
2. 你喜歡我製作的內容嗎？
3. 你不喜歡什麼部分？
4. 你現在最大的掙扎點是什麼？

你可能很想知道：「要如何與我日漸經營起來的粉絲互動？」不要把事情複雜化。如果你本來就有在收集電子郵件名單，請寄信詢問大家；如果是透過社交媒體與他們連結的話，請私訊他們。無論你是在經營哪個平台，請使用相同的平台來提問。訊息內容不用複雜，像範例一樣簡單也行：

嗨〇〇，

感謝您收聽／觀看我的內容。我很想快速跟您通個電話，請教四個問題。這會幫助我更能了解您。

謝謝！

約翰

關鍵是盡可能多與聽眾進行一對一的互動。沒錯，我說的是一對一。我知道很多人只相信以量取勝，他們會說：「與人一對一交談等於用時間換取金錢，我想發展的業務是可以把我的時間和知識轉換成最大利益。」

這些人永遠不會得到非凡成功。你未來總有一天會到達那個可以用時間和知識換取最大利益的境界，但現在還有力未逮。在平凡道路上的這個階段，你還不需要擴大事情的規模，而是該一對一地詢問消費你內容的人這四個問題。這是獲得你所需的誠實、詳細答覆的唯一方法。

為什麼是這四個特定問題？請讓我詳細解說。

你是怎麼知道我的／找到我的內容的？

這個問題很關鍵，會告訴你粉絲是如何找到你和你的內容。只要收集到幾個答案，你就可以在那些大家能找到你的管道上集中火力。同樣重要的是，這麼做也能避免你在錯誤的地方浪費時間。

假設很多受眾都提到他們在某人的網站上讀到一篇跟你有關的文章，你現在就知道自己應該要與這位「某人」進行更多的合作。有可能大家都沒有提到你一直在投放的Facebook廣告，那就表示可以停止了，以節省你的時間和金錢。

你最佳的潛在客戶就是那些願意花個五分鐘回答這四個問題的人，所以請好好呵護他們。

你喜歡我製作的內容嗎？

這個問題很重要，因為在提問之前，我們永遠不會真正知道到底是什麼讓受眾產生共鳴。另外，他們會很高興你願意聆聽他們的想法。當你開始觀察出特定主題的趨勢時，就該投入更多心力創作類似的內容，以保持熱度了。

你不喜歡我所製作內容的哪些部分？

這個問題能確保你不會犯下一些可以輕鬆改正的簡單錯誤。不過，許多人在提問之後所做出的錯誤決定是立即改變內容。永遠不要根據單一回應來調整你正在做的事情，因為這可能只是個案，對方給了不適合你的回饋。在變更內容創作方向之前，請你多方收集受眾的意見，從中找出交集，那才是你該調整的部分。

你現在最大的掙扎點是什麼？

這是必問的重點問題，你收到的答案會決定下一步要採取的行動。你必須記錄收到的每個回答，並根據回答的相似程度進行排序，就會看到發展的趨勢。我的建議是，這一題至少要收到三十個回答，並找出至少五個類似的掙扎點。

再來，你要決定想為哪個掙扎點創立解決方案。不要把事情複雜化，你得把「行動」擺在優先順位，並拒絕「完美主義」的誘惑。請記住我們的目標是為受眾的實際問題提供真正的解決方案，選擇要解決哪個掙扎點時，請聽從你的直覺。

你的第一個提案可能不起作用，第二個提案也是，但如果你堅持下去，終究會發現一個超棒的提案，受眾們願意掏出賺來的辛苦錢買單。

等確定了要優先解決的掙扎點，就該專注於建立完美的解決方案，我們將在下一章中介紹。

我化身最大的掙扎點

問題不是止步的信號，而是前進的路標。——羅伯特・舒勒

二〇一三年八月時，《火力全開的創業家》已經跌跌撞撞走了十一個月。我

已經上架了三百三十多集節目，實現了許多目標，例如與受訪的傑出企業家建立關係、擴大我的聽眾人數和品牌影響力，並且提供免費、有價值且一致的內容，同時設法透過贊助和顧問服務賺取少量收入。

該來把收入的涓涓細流變成瀑布了，該將財務提升到新的等級了，但要怎麼做呢？第一步就是確認我化身最大的掙扎點。

大多數人都從錯誤的方向解決這個問題，他們認為必須把自己鎖在一個寒冷、黑暗的房間裡，直到想出化身面臨的最大問題才能離開。這種思路的問題在於，忽略了你的化身已經不再只是紙張上的文字設定了。

這段時間以來，你一直在創作免費、有價值且一致的內容。你的化身變成了真實的人，就是那些接收你的內容、一同成長的受眾，他們知道、喜歡並信任你。這時就可以問他們：「你現在最大的掙扎點是什麼？」

二〇一三年八月我詢問了聽眾這些問題，同時親切地稱他們為「火力幫」（Fire Nation）。我發了電子郵件，並錄製一集特別節目請大家直接就這個問題提供回饋。我在社交媒體上發文章，並且發送私人訊息，裡面都包含同一個問題：「你現在最大的掙扎點是什麼？」

回應開始湧入，我費了一番苦心加以記錄和分類，並且很入迷地研究這些答案。短短一周內，我對「火力幫」認識就比過去十一個月還要多。

我了解了他們的希望、恐懼、夢想和疑慮，這些塑造了我未來幾年製作的內容。但最重要的是，它提供了我正在尋找的答案。

「你現在最大的掙扎點是什麼？」在所有回覆中，有一個主題以驚人的頻率反覆出現。

約翰，我很喜歡你創立一個平台來與世界分享你的聲音、訊息和使命。我的熱情是（園藝、健身、音樂等），希望能夠建立自己的Podcast，與世界分享我的熱情和知識，並在這個領域發揮影響力，但我不知道該從何著手。你能幫忙建立我的Podcast，並在上市之後指導我該如何發展並從中獲利嗎？

坦白說，我有點震驚。我從來沒有想過從事這一行還不到一年，大家就認為我「夠專業」，可以指導他們創立自己的Podcast。此外，我也不知道大家對創立自己的Podcast有這麼大的興趣。我以為我是少數想要自行製作節目的怪咖，但天哪，我錯了。

所以就是這樣。我提問，而「火力幫」毫不保留地回應了。現在是我建立解決方案的時候了，這是下一章的重點。

不過，我第一次提出的「解決方案」根本是一次超用力的揮棒落空，但最終還是找出正確的方案。我不僅希望你能效仿我的成功，也希望你能避免重蹈覆轍，還有很多失敗在一旁虎視眈眈，相信我。

走上非凡成功之道的《火力全開的創業家》企業家案例

萊恩・萊韋斯分享關於如何判斷化身的最大掙扎點

為了使我們的溝通更有效，需要將我們的想法從「我需要傳達什麼訊息？」轉變為「我希望聽眾問什麼問題？」——奇普・希思

DIY字母方塊首飾？萊恩看著鏡子，想知道自己是如何走到現在的這一步的。他畢業於常春藤盟校，有上進心、雄心勃勃而且聰明，誰會想到他現在在線

上教導大家如何用字母方塊自製首飾呢？顯然他的生活的確出現過一些有趣的轉折。

該去散散步了，萊恩需要理清思緒，給自己一段可以好好思考的時光。沿著擁擠的人行道漫步時，萊恩想到了他多年來曾征服的不起眼小眾市場：照顧蘭花、衛星電視、淨水過濾系統、記憶力提升——當然，還有現在的DIY字母方塊首飾。

他是怎麼做到的？成功的共同點是什麼？因為他向正確的人提出了正確的問題，真的就是這麼簡單。在那一刻，萊恩下定決心將這個簡單的概念變成一種方法論，可以用來幫助其他企業主發展和擴展他們的業務，就像他所擁有的那樣。

萊恩有他的遠大理想，這次與字母方塊首飾無關。讓我們快轉幾年，萊恩的遠大理想如今已成為一間三度獲選《Inc.》雜誌「年度5000大企業」的公司，幫助成千上萬的企業主透過了解該問哪些正確的問題，來順利擴展業務。

但是，等一下……亨利．福特當年不是說過：「如果我問大家想要什麼，他們會要求一匹更快的馬。」賈伯斯也說過：「消費者通常要看到產品，才會知道自己想要什麼。」

沒錯，他們是這麼說過。大眾普遍不知道自己想要什麼，直到你向他們展示他們想要什麼。要發現你的受眾想要什麼，就必須不斷旁敲側擊，只要你詢問這三個問題，那扇門就會打開：

1. **S. M. I. Q. (The single most important question，最重要的一個問題)：說到XX，你現在面臨的最大挑戰或挫折是什麼？**回答請盡可能詳細和具體。時時密切注意你的受眾所使用的詞彙，這會是未來你在行銷時使用的語言。務必要持續尋找詳細的回覆，因為這些人就是你的買家。舉個例子：說到照顧蘭花，你現在面臨的最大挑戰或挫折是什麼？回答請盡可能詳細和具體。你要注意的詳細答案會是：「我很努力重新種植我的蘭花，但不管我怎麼做，花都還是種不活。」這就是一個真正的痛點。如果你可以為此建立解決方案，就能擁有一個買家。
2. **具體來說，你已經投入多少時間想解決這個問題？**你正在尋找經歷過很多痛苦、花了很多時間試圖解決這個問題的人，這些人現在願意為正確的解決方案付費。
3. **你已經為了解決這個特定挑戰投入多少資金？**過去的行為是未來行為的最佳預測指標；如果大家在過去就願意花錢，將來就更有可能投資。

萊恩的作品《Ask：反直覺詢問》是國際暢銷書，已售出數十萬冊。請務必親自閱讀，以進一步了解他的觀點。用萊恩自己的話來說：「這三個問題將幫助你確定市場中最有反應的部分，以及他們用來描述該問題的特定語言，以便你可以在行銷和產品中回應。」

（你可以在AskMethod.com上了解更多與萊恩有關的資訊。）

⑪ 證明概念並建立解決方式

請抱持幫助他／她解決問題或實現目標的想法來接近每個客戶，而不是銷售產品或服務。——博恩・崔西

你在通往非凡成功的平凡之道上做了所有正確的事情。你已經為你的化身提供了免費、有價值且一致的內容。你現在擁有了一群了解、喜歡和信任你的觀眾。你已經問過觀眾他們最大的掙扎點是什麼，並記錄和分類他們的反應。你確定了哪些你將為之建立解決方案的痛點。接著就是挽起袖子建立解決方案了，對嗎？

錯。這同時也是許多人偏離通往非凡成功之路的死亡交叉口。

許多人會在這一步閉關苦思數月，只為了建立完美的解決方案，最後再走出與世隔絕的洞穴，自豪地向全世界宣布：「我帶著世界上最偉大的解決方案回來了，它可以解決你最嚴重、最麻煩的問題。」

然後他們會聽到以下聲音：一陣靜默。

不要誤會我的意思，上述策略有時會有效，那是因為你在通往非凡成功的平凡之道上已經做對了大部分事情。但這是一條狹窄的道路，沒有迷路的必要。為受眾量身打造完美的解決方案之前，我們需要驗證他們是否願意為這個解決方案付費。請記住這個老生常談：人是用錢包來表達支持的。如果你打算為受眾付出自己最寶貴的資產和時間，就必須百分之百確定他們願意為該解決方案掏出錢包。我當年犯了一個嚴重的錯誤，就是沒有先確認我的想法是否有人願意買單，所以最後當然只得到一片死寂。

幸運的是，我吸取了教訓。每次花時間制定解決方案之前，我都堅持要先測試看看聽眾是否願意用錢包來表達支持，如果他們願意，就證明這個概念確實可行。如果他們不願意付費，甚至連預購都不願意，就表示這個掙扎點對他們來說還沒痛苦到想馬上解決。

藉由堅持這個策略，我為自己省去數百小時的徒勞。在下一節中，我將分享我自己過去失敗和成功的案例。

但首先要確定你的解決方案可能是什麼。你的解決方案可能是產品、服務或社群，這裡有一些參考範例：

- 一對一輔導
- 團體輔導
- 帶領智囊團
- 寫一本書
- 建立課程
- 舉辦線上高峰會
- 舉辦付費挑戰
- 打造軟體服務（SaaS）
- 打造實體產品
- 創立VIP社群
- 成為另一家公司的聯盟機構，並推廣其產品、服務或社群
- 提供認證
- 舉辦現場或虛擬活動

以下是我在經營《火力全開的創業家》時的經驗分享。

一對一輔導

我永遠不會忘記透過《火力全開的創業家》獲得的第一筆收入。在我推出節目幾個月後，一位聽眾跟我分享他即將推出自己的Podcast，但遇到一些問題。他從我成功上市後就一直在關注我，想了解能不能請我當他的導師。

我那時還沒有規畫好輔導計畫，但他的詢問促使我採取行動，推出了為期一個月、兩個月和三個月的輔導方案。我到現在還記得當時制定的價格：一個月八百美元，兩個月一千四百美元，三個月一千八百美元。我列出指導綱要，其中包括每周三十分鐘的電話討論和無限制的電子郵件討論。我送出訊息之後沒過幾分鐘，對方就回覆希望參加為期三個月的輔導課程，這讓我震驚了一下——這封回信代表我在幾分鐘內就賺了一千八百美元。我當然還有很多工作要做，但已經讓我開心得不得了。「一對一輔導」這個方案已經證明可行，我也得努力向第一個學生提供更多指導。

帶領智囊團

《火力全開的創業家》開始大約一年後，我看到Podcast和聽眾強勁的增長趨勢。每天的收聽人數正在增加，參與度很高，很多媒體都在介紹這個叫做Podcast的小眾市場。我很享受與「火力幫」的互動，無論是通過電子報、社交媒體，甚至是普通的平信。

這些交流中大家常提出一件事，就是希望能有一個聽眾彼此互動的地方。我意識到這是打造智囊團的好機會，於是聯繫了其他成功經營付費智囊團的創業家，了解他們是怎麼做的。很快地，我就準備宣布推出「火力幫菁英班」（Fire Nation Elite）。

「火力幫菁英班」包括每周進行的開放問答線上會議和日常互動的Facebook社群，我每個月還會邀請一位來賓來分享他們的專業知識。我決定將「火力幫菁英班」的成員限制在一百名，每一位報名者都要通過面試才能加入。我預期不久之後，「火力幫菁英班」會成為一個溫暖的大家庭。我非常清楚成立一個在創業之旅中，大家可以相互支持和學習的社群有多麼重要。

我們推出時的報名費是每季三百美元，後來也根據供需情況逐步提高這個價格，並始終努力提供費用十倍以上的價值給每一位成員。

我永遠不會忘記與「火力幫菁英班」的第一次線上會議。在同一個地方看到這麼多優秀且堅定的人，大家都渴望相互學習和支持，真的是非常神奇的體驗。

在接下來的兩年半中，「火力幫菁英班」每月平均帶來一萬兩千美元的收入。凱特和我為「火力幫菁英班」傾注心血，我們這個大家庭建立起來的感情至今仍然存在，成員的成功故事仍然縈繞我心。

寫一本書

《火力全開的創業家》推出三個月後，一切進展順利，我決定進一步了解Podcast的知識，所以上亞馬遜打算買下所有能找到的相關書籍。令我震驚的是，居然沒有一本專門討論Podcast的專書。

我那時研究Podcast這個領域大約七個月，很清楚自己絕不是排名第一的Podcast專家，但相較於世界上百分之九十九的其他人，我知道的事情的確多出不少，在他們眼中我也算得上是專家了。我知道必須要有人寫一本關於Podcast的書，我也決定要當這個人。

第二天，我就擬了一篇新書的大綱，然後在大約花了二十個小時寫完《推出你的Podcast》（*Podcast Launch*）的初稿。當這本電子書在亞馬遜書店上架時，那種感覺非常奇妙。它是本完美的書嗎？不是。它同時是亞馬遜最好的也是最差勁的Podcast書籍，因為整個網站上就只有我這本Podcast專書。

我馬上開始感受到發行電子書的好處。銷售量以每天十到二十本的速度增長，這本書的定價為二．九九美元，永遠不會成為我的搖錢樹，但它是極佳的潛在客戶生產器。《火力全開的創業家》的下載量明顯增加，我的電子郵件名單和社交媒體關注人數大幅成長，想專門跟我討論這本書的訊息開始湧入。我以合理的價格提供了真正的價值，讀者對此表示感謝。

這本書也增加了我的可信度，因此出現更多演講邀約。整體來說，創作並出版《推出你的Podcast》讓我的品牌知名度和價值皆呈倍數成長，書籍銷售也帶來收入，增加了我的電子郵件行銷名單，並吸引了更多人成為《火力全開的創業家》的聽眾，如此一來便增加了我的贊助收入和銷售課程的機會。在往後的幾年中，我持續使用這兩種方法。

如果你能在圖書市場中找到適合自己的利基位置，那麼寫一本書是投資時間和精力的絕佳方式。

建立課程

我會在本章後半段分享創辦「播客天堂」的經驗，在這一小節中，請容我簡單介紹開設「Webinar on Fire課程」的經驗。

我們的Podcast課程「播客天堂」，在二〇一四年已經如火如荼地進行了將近一年，每周都會舉辦網路研討會來宣傳該課程。我們的網路研討會非常成功，因此除了Podcast的問題之外，開始收到很多如何舉行網路研討會的問題。這些踴躍的提問讓我知道該來創辦一門主題課程了，於是在二〇一四年一月推出Webinar on Fire，它是播客天堂的完美補充。多年下來，Webinar on Fire帶來了龐大收入。它教會我們一個寶貴的教訓，那就是始終要傾聽受眾的聲音，讓他們最大的掙扎點指引你。

舉辦線上高峰會

線上高峰會通常是專家討論某個主題的一系列影音採訪，讓觀眾可以連續數天收看，會議最後會向大家宣傳某個產品或服務。舉辦線上高峰會是開啟生意的好方法，讓你選定一個主題、找出其中最大的困難，並提供最好的解決方案。

選定主題後，接著就要決定該找哪些專家擔任講者。線上高峰也會快速精進你的線上行銷技巧，因為你必須學習設立報名頁面、將頁面嵌入電子報、錄製影片並按照預先排好的時間表發布，以及打造和推銷一項產品。

掌握這些技能對於我們的創業旅程來說至關重要，因此最好在創業前期就舉行線上高峰會。這樣的專案需要多次嘗試，才能建立起足以帶來未來成功經驗的系統和流程。

最重要的是，線上高峰會非常有助你累積電子郵件名單、與權威人士建立連結、提高你的演講技巧，並迫使你學習如何提出邀約。有關舉辦線上高峰會的資源，我首推馬克．偉德（Mark T. Wade）博士的網站HustleandScale.com。

舉辦付費挑戰

付費挑戰通常是為期三天、五天、七天、十天、十五天或三十天的線上活動，幫助大家獲得想要的成果。我參加過的挑戰是由健身教練克里斯蒂．尼寇帶領的「一個月減重十磅挑戰」。她會在那個月的每一天都寄一封電子郵件，內容包含最新的淘汰名單以及鼓舞士氣的影片，以維持大家減重的動力。挑戰者還可以加入Facebook社群，大家在這三十天裡都可以在此相互支持和學習。

當你專注於某個目標、並與志同道合的夥伴一起追求時，成功的可能性就會飆升。這個挑戰的報名費要價四十七美元，但挑戰過程中，克里斯蒂會多次釋出私人教練課的加購機會，這才是真正的利潤所在。

我自己也主辦過一些挑戰，其中一次是為了當東尼．羅賓斯的新課程「知識經紀人藍圖」做前導宣傳。身為東尼・羅賓斯事業聯盟中的一員，我得在課程上市前先幫受眾暖身，所以我和凱特便與Podcast《去你的朝九晚五》主持人吉兒和喬許・史坦頓合作，共同舉辦的一個為期五天的「像專家一樣思考」挑戰。

在這五天內，我們每天都會提供線上訓練課，課程最後都會有不同的行動呼籲。我們還創立一個非常活躍的Facebook社群，每天都會在那裡回答問題和解決問題。等到上市日那一天，我們使用社群的「Watch Party」功能，邀請大家一起試看東尼的新課程，藉此激起大家的購買興趣。我們幫東尼的課程創造了超過五十萬美元的銷售額，在五千多個事業聯盟機構中，排名第五位，獲得前往斐濟的機會，可以在東尼的私人度假村與他共度四天。

後來分析銷售狀況時，發現絕大多數來自我們的挑戰者。這表示我們營造出一個充滿信任的團體，所以一聽到我們說東尼的課程非常優質、認為大家都應該投資時，很多人都這樣做了——時至今日我們仍會聽到某位當年的挑戰者決定勇敢嘗試，並且獲得成功的故事。

總而言之，付費挑戰可以是向一群志同道合的人提供龐大價值的好方法，也可以達到驚人結果，從而建立高度信任。付費挑戰的收費從七美元到九十七美元不等，時間則持續五天到三十天之間。在你剛起步時可以嘗試舉辦免費挑戰，然而一旦建立起系統和產品時，你就會希望與有切膚之痛的人、願意付錢進行挑戰的人一起努力——畢竟，付了錢才肯投注心力是人之常情。

打造軟體服務

我在SaaS（軟體即服務）領域沒有第一手的經驗，但還是會與你分享多年來的所見和所學：SaaS有利有弊。

讓我們先談談優點。如果你做對了，就可以非常快速地擴展和利用。Slack是一個很好的例子，該公司為自家的內部團隊開發了一套軟體，後來發現這套軟體比市面上的其他產品都好用時，就決定將業務重點轉向擴展和銷售Slack。

另一個優點是SaaS能帶來穩定的每月收入。只要有一定數量的人每月固定付費使用某項服務時，你就可以極其準確地評估自己的收入，並以此規劃未來的生活。

SaaS的缺點則是軟體上市場前，需要在打造基礎建設和團隊上投入可觀的前期成本。而且這麼做也無法保證服務會受到歡迎，你可能無法收回初始投資。我們二〇一四年曾與一家公司合作打造一款SaaS產品，他們有團隊、非常好的點子，以及擴展業務的希望。但即使我們有足夠規模的受眾，也無法達成專案所需的前期動力。事後反省，問題出在我們未能替夠大的痛點提供解決方案。

整體而言，我認為SaaS是一種進階的商業模式，不該在創業之旅初期就貿然嘗試。

打造實體產品

我對實體產品的認定是任何手能觸碰到或拿在手上的東西。經營《火力全開的創業家》的前三年裡，我基本上是不碰實體產品的，只專注於開發線上產品。播客天堂很成功，Webinar on Fire勇往直前，贊助資金不斷湧入，我們也從合作夥伴關係中獲得可觀的收入。

該來增加另一個收入來源了。我詢問聽眾他們最大的困難是什麼，壓倒性的回應是他們對於設定和實現目標感到掙扎。我的來賓在《火力全開的創業家》上分享了設定目標的重要性，聽眾注意到了，因此開始尋找能循序漸進執行的方法，讓自己能在特定的期限內實踐目標。

我以此為主題在構思產品時，很清楚它一定要讓聽眾可以輕鬆掌握。我以工商日誌本為基礎，勾勒出一個概念，感覺是正確的方向，於是深入研究「設定和實現目標」的所有學問，最終成果就是《自由日誌》（*Freedom Journal*），這是一本幫助你在一百天內設定和實現首要目標的步驟指南。整體概念完成後，我向朋友創立的Prouduct.com公司提案，他們接受了並幫忙打造出實體日誌。我一拿到成品就知道《自由日誌》是特別的，它是問題的真正解決方案。

下一步是決定如何向大家展示這項新產品。思考一番後，我決定利用Kickstarter這個募資平台。募資平台很棒的一點在於，你可以在全力以赴製造產品之前，先確認自己的想法、概念是否可行。

我為上市活動印了一些《自由日誌》，但是否大量印製則必須根據Kickstarter上的募資結果決定。我舉辦了一場為期三十三天的宣傳活動，傾盡全力行銷宣傳，在二十五分鐘內就募得兩萬五千美元的初始目標，第一天結束時便超過十萬美元。三十三天後，《自由日誌》成為該平台募資金額第六高的出版品，總計四十五萬三千八百美元。

《自由日誌》的銷售額現已突破百萬美元大關，我還推出了另外兩本刊物《致勝日誌》和《Podcast日誌》。（細節請上TheFreedomJournal.com、TheMasteryJournal.com和ThePodcastJournal.com了解。）

我相信實體產品在正確情境中，可以成為強大的差異化因素，但你必須了解產品的利潤、倉儲和運送的成本，否則，龐大的工作量最後可能只帶來微薄的利潤。

創立VIP社群

VIP社群通常是由一群支付月費的會員所組成，他們希望藉此能進一步了解某個領域的專業知識並增加收入。自二〇一三年以來，《火力全開的創業家》一直在經營「播客天堂」這個VIP社群，在此我就不多細講了，因為後面會分享完整故事。VIP社群的基本配置除了智囊團外，還有影音課程、好用的模板和結構嚴謹指南，幫助社群成員成為領域中的專家。

這個機會再次說明了進入服務不足的市場、成為專家、為他人創造所需的工具以增加他們的知識和能力，所能帶來的力量。

成為另一家公司的聯盟機構，並推廣其產品、服務或社群

成為聯盟公司以推廣另一家公司的產品或服務是產生收入的好方法，尤其是在草創階段。當你成為聯盟公司時，在推薦另一家公司的產品或服務時能換取一定比例的佣金。這個佣金比例百百種，但這是你找到自己了解、喜歡和信任的產品／服務，並推薦給受眾的好方法。

想讓受眾對你推薦的產品和服務感興趣，不錯的方法包含撰寫評論、拍攝如

何使用產品的影片、採訪創辦人及下廣告。多年來，《火力全開的創業家》在這一塊一直創造出可觀的收入。我們最大和最重要的聯盟收入來自與ClickFunnels的合作夥伴關係。

ClickFunnels是我們經營多年仍有在使用服務的一家公司，我們的行銷漏斗、登錄頁面、銷售頁面、一鍵購買等都是他們家的產品。我和創辦人羅素．布蘭森是好朋友，他曾多次擔任《火力全開的創業家》的訪談來賓。

我知道ClickFunnels這類有價值的服務，也很適合我們的聽眾，所以不吝於在適當的時機大力推薦。迄今為止，我們已經賺取超過一百三十萬美元的佣金。

我建議列出你經常使用的產品和服務，造訪這些公司的網站，通常會在頁面最下方看到「如何成為聯盟夥伴」的連結，點進去就會看到詳細的結盟計畫，以及註冊加入的方法。如果你找不到連結的話，可以直接去信詢問。只要正確執行，聯盟夥伴行銷收入就能成為不錯的收入來源。請按照我前面分享的步驟開始行動，並在合適的時間點與觀眾分享你的聯盟連結。

我最後一個建議是：你必須相信自己所推廣的產品和服務。自始至終都要為受眾提供最好的價值，這樣你就會堅定地走在通往非凡成功的平凡之道上。

提供認證

信譽非常重要，我可不希望由沒上過醫學院的外科醫生為我進行手術，或是由沒從建築學校畢業的建築師設計我的房子。大多數人都希望看到某種證明，表明你是從何處獲得你所聲稱擁有的知識。

這就是為什麼你可以考慮提供認證。一旦成為所處行業中的專家，並取得一定程度的成功，大家就會想向你學習，以我自己來說就是催生了「播客天堂」。除了建立課程之外，還可以嘗試提供認證這個選項，只要有人完成你的培訓課程，就能獲得認證。

重要的是要記住，你必須小心保護自己的聲譽，因此請確認每一位通過培訓課程、獲得認證的人都是名副其實，而且已經準備好提供受眾所需的服務。正確籌畫的培訓、認證課程可以帶來龐大收入，因為報名者通常需要支付費用，每年也得支出年費以維持認證的有效性，注意，這表示你必須時時更新、優化自己的培訓課程。

健康領域是認證機制使用最頻繁且成功的領域，但我認為這項機制也可以有效運用於其他行業。

舉辦現場或線上活動

這些活動通常為期一天、兩天或三天，活動中就根據特定主題提供有價值的內容。

我要先分享舉辦實體活動的經驗。雖然可能需要處理大量跟交通、住宿有關的庶務，但實體活動所提供的絕佳能量和體驗是線上版無法比擬的。我和凱特舉辦過許多次活動，每每對於我們是如此樂在其中感到驚訝。將來自世界各地的人聚集在一起，相互學習和扶持，確實有其特別之處。舉辦實體活動需要在許多層面上耗費精力，但根據我的經驗，沒有比現場實體活動能對大家的生活產生更大影響的方式了。

我們曾在為期三天的活動中接觸四十名與會者，能在如此短的時間內取得的突破和連結簡直令人難以置信。如果你希望對所屬的社群產生巨大影響，請舉辦實體活動，你不會後悔的。

如果做得好，線上活動也非常有力量。它與線上高峰有很多相似之處，因此我不再詳述，但必須記住的關鍵是：你了解自己的化身、你了解你的受眾，所以請打造他們想要的活動。命運會偏愛大膽的人，所以請大膽地去創造奇蹟吧。

總結來說，以上是你可以針對受眾最大痛點提供解決方案，以產生收入的幾種方法。請不要因為看到排山倒海的選項而感到不知所措——請記住，最好的做法是請受眾分享他們最大的困難，進而確定你想要提供的解決方案、獲得概念證明，然後制定並提供解決方案。

我的解決方案

在前一章中，我分享了如何找出受眾最大掙扎點的流程。現在要來進一步分享我的失敗經驗和另一個極為精采的成功經驗。

> 每個問題都有一個清楚、簡單和錯誤的解決方案。——H・L・孟肯

那時《火力全開的創業家》勢不可擋，截至二〇一三年八月，我已在十一個月內發布了三百三十集節目，下載量逐月增加，我的信心隨著每次發布訪談而倍增，一切都按計畫進行。

只有一件事情除外：收入。隨著《火力全開的創業家》上市一周年的日期逼近，我查詢了戶頭裡的數字，發現今年的收入會低於兩萬八千美元。雖然不恐

怖，但這不是我明年想再看到的數字。

我坐下來問自己一個簡單的問題：我在過去的十一個月裡採訪過的那三百三十位成功的企業家是如何產生收入？我仔細研究了節目筆記，拜訪他們的網站，重聽了無數集，最後，答案讓我大吃一驚。

最成功的企業家為一個真正的問題提供了驚人的解決方案。他們將自己定位為專業領域的「首選專家」，而且專注的內容範圍狹窄但深入。換句話說，除了提供觀眾正在經歷的真正掙扎的最佳解決方案之外，他們拒絕分心去做其他任何事情。

他們如此強力地聚焦在目標上，給我帶來豐富的靈感，我知道這個模式是獲勝關鍵。我的下一步是什麼？我詢問「火力幫」他們最大的掙扎點是什麼？正如上一章中分享的那樣，我發送了電子郵件，錄製一集特別節目，請他們直接回應這個問題；我在社交媒體上發文並私訊粉絲，問他們：「你現在最大的掙扎點是什麼？」

我收到了無數的回應，但背後的重點是一樣的：「我希望能開一個Podcast來分享自己的熱情和知識，你能幫我嗎？」

我開始思考自己可以提供什麼解決方案，十五個月前才我開始Podcast之旅，自己當時是缺少什麼？我想出一個神來一筆的答案（或者說是我以為如此）：大家被製作Podcast嚇到了，因為感覺需要耗費大量的時間和精力。

他們覺得工作、家庭以及生活中的其他事情就已經夠讓人筋疲力盡了。不過，如果我能建立一個平台來搞定所有打造Podcast會遇到的困難，會怎樣？一個讓我的客戶只要做最少的工作，就能創造優質節目的平台，他們只要負責錄製音檔並寄給我就可以了。我越想越興奮，非常篤定自己該建立一個平台，處理錄音之外的其他流程。我稱之為PodPlatform，它一定會很棒！PodPlatform將能：

- 提供Podcast託管服務
- 剪輯內容
- 幫每集節目加上開場白和結語
- 打造節目筆記
- 同步更新節目到所有主要收聽平台
- 行銷節目

我充滿了動力，因為在我看來，這項服務很簡單。我知道這些服務有很多感知價值，有了合適的團隊，我可以將這項服務的規模擴展到足以盈利。我已經在腦海中預測收入，看起來很棒。

此時我應該向聽眾提出這個想法，並測試他們是否願意付費，以此驗證概念的可行性。如果這是能解決痛點的產品，「火力幫」會很樂意花錢的。但我卻開始埋頭苦幹。我建立了一個團隊，弄了一個託管服務的帳號，訓練團隊在上市時需要勝任的各種工作，以及業務所需的各種瑣碎細節。

兩個月過去了，我在PodPlatform上投入更多的金錢、時間和精力。然後到了上市日，我火力十足。我寫了封電子郵件，提醒想像中那些迫不及待的粉絲，他們會為了這項驚人的服務馬上掏出信用卡！我檢查完電子郵件，然後按下寄出，熱切地等待銷售數字滾滾而來。

砰！

馬上就有人下訂。

砰！

又一個人下單。

太棒了！一切都照計畫進行！我終於可以好好放鬆一下，看著金錢湧入了。

然而，PodPlatform收到的訂單就僅止於此。現在距離那封宣布PodPlatform上市的電子郵件已經過了四十八小時，我真是震驚無比。兩筆訂單？只賣了兩筆？我以為這不是大家都想要的服務嗎？

嗯，不管怎麼說，我確實獲得兩名客戶，該開始工作了，然後看到其中一個客戶就在剛剛發了一封電子郵件給我：「約翰，仔細考慮之後，我認為這項服務不適合我，我想申請退款。」

啊，我失去了一半的客戶。

我只剩下唯一一個客戶，我們的合作就是一場噩夢……她對每個步驟都有一百萬個問題，而且從未對我們提交的成品感到滿意。好不容易節目終於準備要在某個早上上架，我卻在前一天凌晨收到她寫信要求把第二十八分四十三秒出現的「嗯」剪掉時，我覺得自己要爆炸了。

我完成了她的要求，然後寫了一封電子郵件，說我會全額退還費用並關閉這項服務。

PodPlatform 澈底失敗。我一邊收拾殘局並思考自己到底做錯了什麼。我逐一回顧自己採取的每個步驟，找出了偏離通向非凡成功的平凡道路的那個時間點。我沒有去驗證這個服務的概念是否可行。我的聽眾想學習如何建立和上架Podcast，但PodPlatform 不是他們需要的解決方案。我做了很多假設，在這個冒險中投入了大量的時間、精力和資金，但完全失敗了。

我得重來一次，但並非完全從零開始，只是回到請受眾證明概念可行性的位置。

事後看來，只有兩個人加入了PodPlatform是很幸運的事。如果有十人或二十人加入，經營PodPlatform就足以讓我的團隊疲於奔命，但在月底我們僅能獲得微薄利潤，這才是真正的災難。因為它會占據我數月甚至數年的時間和精力，沒有任何餘裕能創造真正有機會成功的東西。

可悲的是，我看到許多企業是以這種方式經營的。他們全力以赴，建立出幾乎無法達成收支平衡，卻需要花費所有時間和精力的業務模型。雖然大眾還是普遍認為他們成功了，但我會將其歸類為平凡的成功。

你我都致力於取得「非凡的」成功，而PodPlatform的失敗開啟了一道充滿可能的門，讓我能夠回溯所有步驟，找出問題所在，進行一些調整，然後再次推出一個可以實現財務自由和帶來成就感的解決方案。

播客天堂

距離我關閉PodPlatform的大門已經過了幾個星期。我在聖地牙哥的使命灣跑步，一邊聽著Podcast、一邊思索可以為觀眾制定什麼解決方案。我呼吸著鹹鹹的微風，陶醉在溫暖的陽光下。來自緬因州的我從不認為聖地牙哥的天氣是理所當然的。

我抬頭看了一眼搖曳的棕櫚樹，對自己說，哇，這就是天堂！我需要為播客建立這種感覺的線上版本。就在那時，有個名字打中了我——播客天堂！我要建立一個地方，播客在這裡可以尋找所有Podcast問題的答案、該考量的事項和潛在的困難。播客天堂還將提供來自其他業界人士（包括我自己）的支持和指導。

這感覺很對。然而，PodPlatform也讓我曾經感覺很對，我不會連續犯兩次同樣的錯誤。回到家，我著手勾勒出一個非常簡單的概念，那就是我認為播客天堂該有的樣貌：教學影片和線上社群。然後，我向聽眾發送了一封電子郵件，分享播客天堂的基本概念，並請他們提供想法和補充建議。

我收到非常迅速和積極的回饋，以及一些很好的建議，其中一個就是我該替Podcast經營的各項事務建立一組模板，例如：邀請嘉賓上節目、節目更新排程、尋找贊助商等。

我充滿動力！但身為曾經歷過一次失敗的糟老頭，我知道最好不要窩在家裡默默長期抗戰並建立播客天堂。我需要進行概念驗證，現在該請大家用錢包來投票了，必須區分出「啦啦隊」和「買家」。

啦啦隊是受眾中那些祝你一切順利、希望你成功、並相信你的每一個想法都很棒的人。他們出自好意，但啦啦隊可能會對你的業務造成嚴重損害，因為他們不是買家。當你發表產品或服務時，他們堅定地鼓勵你進行創作，站在一旁說：「祝你好運！我相信會很棒的！雖然我不會購買，但我相信它會做得很好！」

我已經為啦啦隊打造了產品和服務，現在必須更致力於為「買家」打造產品和服務。買家就是那些用實際行動支持的人，用錢包投票的人，那些為自己和未來進行投資的人。

從PodPlatform的失敗中吸取教訓後，我下定決心在花費任何時間、金錢或精神力氣前先獲得播客天堂的概念證明。某個星期五我寫了一封電子郵件感謝大家超棒的回饋，然後概述播客天堂的組成內容：

- 有關如何建立、發展和透過Podcast獲利的教學影片
- 涵蓋Podcast各項事務的示範模板
- 大家可以每天互動的線上社群，可以問我或其他成員問題，同時得到指導和支持
- 每月一次的直播活動，我會在期間回答問題，並邀請其他頂級主持人分享他們最棒的技巧、工具和策略

我在郵件的最後公告：「如果在周日午夜前至少有二十人報名的話，播客天堂的大門將在四十五天內開啟。」我獎勵大家購買早鳥會員的方式是，只要今天報名，費用僅需兩百五十美元，並能終生使用播客天堂的服務。此外，在我們接下來四十五天共同構建播客天堂的過程中，他們將能夠直接提供回饋和指導。

我同時也分享，正式上市的時候，會員費將調整為五百美元，他們如果現在就加入可以取得百分之五十的折扣。最後我也很坦白地分享，如果沒有在周日午夜前達到二十人門檻，播客天堂將只是一場夢。

我再次屏住呼吸、按下了寄出，不到兩個小時就賣出了二十個名額。概念獲得驗證！到周日午夜時分，已有三十五名早鳥會員。

接下來的四十五天飛快地過去了，我建立了Podcast相關的課程和模板。早鳥會員幫了我很大的忙，因為我在每一步都徵求他們的回饋，並實踐許多他們的想法。正如當初的承諾，播客天堂於二〇一三年十月三十一日正式上線，並立即取得成功。對此我並沒有太震驚，因為四十五天前就已經獲得概念驗證。迄今為止，播客天堂已經迎接超過六千名會員，並創造超過五百萬美元的收入。儘管PodPlatform是一次慘烈失敗，但播客天堂卻取得驚人的成功。

自播客天堂誕生之後，我們推出的每一款產品和服務都遵循相同的公式，在花費時間、金錢和精神力氣為我們的觀眾創建解決方案之前，先獲得概念驗證。

我們有很多想法在概念驗證階段就失敗了，甚至有幾個想法即便通過概念驗證，仍在上市後很快就敗北，因為坦白說，這種事情就是會發生在創業界。通向非凡成功的平凡途徑，並不是一條通往成功的直線道路，而是一個為你增加勝算的指南。

走上非凡成功之道的《火力全開的創業家》企業家案例

歐馬爾・澤荷和妮可・包迪努分享概念驗證和訂定解決方案

如果能正確地定義問題，你就差不多胸有成竹了——史蒂夫・賈伯斯

那是二〇一二年，妮可和歐馬爾已經從事專業教學十三年，他們都擁有教育碩士學位。他們受夠了薪水過低、工作過量的日子，準備自己出發創造充實

的生活。

他們在二〇一三年推出了「一百美元企業管理碩士」課程，承諾以一百美元的價格提供實用的商業培訓和專業社群。八年多以來，他們認真兌現這項承諾，每周透過網路研討會提供線上培訓，並開放大家報名「一百元美元企業管理碩士」。

生意很好，只有一個問題：歐馬爾每周都得花好幾個小時準備一場網路研討會。他每次都從零開始整個流程，把報名頁面和活動倒數計時嵌入行銷的電子郵件，然後籌備研討會內容、連結聊天軟體、舉行研討會、將錄音檔上傳到Vimeo、設定保密存取權限，然後把連結寄送給學員。下一周，他會再走一次這個流程。

身為一個有條理的人，歐馬爾制定一張確認清單以每周追蹤詳細的流程，這樣就不必重新創造流程架構。那張清單帶來了一個「叮咚」時刻——為何不打包並出售這份清單？一定還有其他人有類似的掙扎，這是一個很好的解決方案。

DIY網路研討會指南在那一刻誕生了。歐馬爾和妮可相信他們有一個致勝方案，並投入了大量的時間、精力和精力來製作這份DIY指南。他們大張旗鼓地推出指南，等待銷售量增加。然而，銷售量從未增長，他們總共賣出了兩筆訂單——一次是給我（我依然認為這是一筆不錯的投資），另一筆訂單也很快就變成退款。

歐馬爾和妮可驚呆了，與我在PodPlatform失敗後的狀態相似。就像創投天王本·霍羅維茲（Ben Horowitz）的名言：「有時你必須創造一個糟糕的產品才能產出一個偉大的產品。」

DIY網路研討會指南是他們糟糕的產品。他們這才意識到，大家想要的是一個「幫你完成」的解決方案，而不是一張從零開始的冗長清單。他們放棄了這個專案，回到本來可行的內容——即時網路研討會和「一百元美元企業管理碩士」。歐馬爾具備一些WordPress程式技能，於是寫出了一個外掛程式來簡化每周舉辦網路直播研討會的繁重工作。

在網路研討會期間，與會者開始詢問他使用什麼軟體讓活動得以流暢地進行。歐馬爾告訴他們這個外掛時，很多人都詢問是否可以購買它的使用權限：這是第二個「叮咚」時刻！

這一次，歐馬爾和妮可不會投入大量的時間精力來優化產品，而是要先證明這個概念可行。他們製作了一個簡單的產品頁面，列出了這個外掛的特色和優點，並寄給一些行銷清單上的人。他們在信中坦言產品至少需要四個月才能完全準備好，但現在預購的人將能終身使用。

他們將第一輪的名額限制在一百五十人，沒想到四十八小時內就售罄；他們接著又開出一百個名額，二十四小時內就賣光了。最後，歐馬爾和妮可實現了概念驗證，於是WebinarNinja誕生了。

四個月來，歐馬爾和妮可與一位自由開發人員一起工作，打造出WebinarNinja測試版。他們的早鳥客戶可說是無價之寶，每次歐馬爾和妮可有問題時，早鳥客戶們都會提供答案。

正如他們所言，WebinarNinja順利在四個月後推出，而這一次的上市大獲成功。自二〇一四年以來，歐馬爾和妮可已經積累超過一萬五千名用戶，超過一百萬人參加了WebinarNinja 網路研討會。

即使取得了這些成功，歐馬爾仍然親自主持每場銷售網路研討會和示範。他們的團隊定期進行用戶訪談和意見調查，以確保掌握住最佳用戶的需求。他們還有一個取消表單，讓團隊得以每個月研究大家取消使用的最大原因。他們持續致力於解決使用者覺得WebinarNinja不好的前五到十個缺陷。

他們所關注的三大重點是：

1. 讓WebinarNinja成為一個簡單的多合一平台，你可以在這裡快速舉辦高品質的網路研討會。

2. 高品質的協助。他們將永遠致力於提供業界最好的支援。

3. 密切關注用戶的動態，以確保WebinarNinja隨著市場需求和用戶的發展而發展。

用歐馬爾和妮可自己的話來說：「你的產品解決方案不會比你的團隊更好，而我們所做的最好的事情之一就是真正了解我們所服務的客戶，並透過成為用戶而成為社群的一部分。請成為你所在社群的大使吧。」

（你可以在100MBA.net和webinarninja.com了解更多與歐馬爾和妮可有關的資訊。）

12 打造你的銷售漏斗

在你賣出一個故事前，必須能先說出一個故事。——貝絲・康斯塔克

有多少人會在第一次約會後就結婚？有多少人會購買他們看到的第一間房子？當然，偶爾會有這種事情，但它們都是例外，不是常規。如果你在例外情況下經營業務，就永遠無法取得非凡成功。

以買房為例，請問你認為下述哪位房地產經紀人會更成功？

A經紀人剛遇見你便劈頭就說：「嗨！我是瑪麗，我手上有一間超級適合你的完美物件。我知道我們剛認識，我也對你一無所知，也還沒問過你任何問題，但相信我，你會喜歡的。」

B經紀人則說：「嗨，我是瑪麗亞，這裡有一本關於首購族常犯十大錯誤的小冊子。我想確定我們能避免這種情境發生。我很願意坐下來認識你，聽聽你夢想中的房子是什麼。然後，我會針對適合你需求範圍的物件，分享我所知的可能選

項。然後我們再開車到現場看看，我會告訴你各個社區的差異，看過一些房子，你再告訴我你喜歡什麼、不喜歡什麼，我會根據你的回應調整，一起努力找到你夢想中的房子。」

顯然，瑪麗亞會大獲成功，而瑪麗則想知道為什麼她賣出的房子數目掛零、沒有人推薦，當然一點收入都沒有。可悲的是，大多數企業家都以瑪麗對應客戶的方式，來對待自己的受眾，甚至根本沒意識到這一點。

當你確定了遠大理想、定位、建立了化身、選擇了平台、鎖定了導師和智囊團、設計了內容生產計畫、創作了偉大的內容、上市、確認受眾最大的困難並製定了解決方案後，接下來就要建立你的銷售漏斗了。

銷售漏斗是化身從第一次被你的內容吸引，一直到成為客戶或熱情推廣者的過程。「嗨，我叫約翰，現在就買我的產品」的日子早已一去不復返，事實上，它從未存在過。

首先要知道的是，人都是跟另一個人購買產品或服務的。其次，大家會從他們認識、喜歡和信任的人那裡進行購買。

經由遵循通往非凡成功的平凡之道，你會了解受眾的最大痛點，可以在選定的平台上為這些問題提供解決方案，免費且一致地提供這些有價值的解決方案。

因此，受眾會知道、喜歡並信任你，接著該來建立銷售漏斗，讓他們踏上成為客戶的旅程。我們在《火力全開的創業家》有多個同時運行的銷售漏斗，每個銷售漏斗都是根據受眾的掙扎，以產品、服務或社群的形式提供一定的價值。

我會在本章後段詳細介紹其中一個銷售漏斗，這個漏斗已經產出數百萬美元的收益，但先讓我向你分享我們苦苦掙扎的房地產經紀人瑪麗，是如何透過遵循非凡的平凡道路來扭轉她的生意。

又一個月過去了，瑪麗仍舊面臨銷售額掛蛋。有一天，她在午餐時向朋友抱怨自己「運氣不好」，宣稱要退出這個行業。朋友推薦了一本《普通人的財富自由之道》，還分享說：「莎拉發誓說自從看了這本，她的業務開始蒸蒸日上！」既然已經沒有什麼好損失的，瑪麗就買了這本書，決心要全力以赴。

讀完第一章後，瑪麗意識到有很多東西要學習。她確認自己的遠大理想是房地產，但意識到自己從未考慮過細分市場。瑪麗出去散步，試圖找出房地產市場的利基，思緒飄回她年輕的時候。

她的父親為軍人，因此他們經常搬家。每次搬到一個新地區，都會與房地產經紀人會面、買房子，每當幾年後需要出售房產、搬到下一個基地附近時，他們會再找同一位經紀人。她的父母很擅長進行房地產交易，現在已經靠積蓄和房地產被動收入舒適地退休了。

瑪麗立刻想到附近的軍事基地，這裡規模龐大，總是有來來往往的軍人家庭。在網路上搜索之後，她找不到這一帶有專為軍人服務的房地產經紀人。太好了，瑪麗發現了一個需要填補的空缺！

接下來，瑪麗建立了她的化身：一名三十五歲的女人，丈夫是一名軍官，擁有三個孩子和一隻狗，正在尋找一個有廣大後院的四房住家。

瑪麗找到了一位曾在該房地產領域的導師，拿出自己的積蓄投資了為期三個月的課程，還跟她的兩位同伴組成房地產智囊團，開始每周見面。

瑪麗一路順利，決定製作一個討論軍眷該知道的房地產技巧的Podcast，每周發布兩集，分享軍人家庭在搬家過程中所面臨的主要問題之解決方案。

瑪麗還去當地軍事基地與房務部聯繫，詢問可以提供他們什麼價值。經過簡短的討論，很顯然，即將到任的軍人家庭主要的問題之一，是想了解適合居住的社區有哪些以及推薦的理由。

瑪麗製作了一本小冊子回答這些問題，並印刷了數百份，她將這些小冊子交給房務部，讓他們郵寄給派遣至該基地的軍人家庭。幾周後，瑪麗的電話開始響了。

當她接起電話時，電話的另一端就是她的化身，對方表示自己收到瑪麗的小冊子覺得非常感激，希望在下周他們抵達當地時能安排會面。

以前，跟每位客戶推銷都是一場戰鬥，他們有很多選擇，但瑪麗沒有提供任何特別或獨特的服務。現在不一樣了，瑪麗的受眾將她視為軍人家庭遷居的首選專家，並非常感謝她透過小冊子和Podcast提供的免費有價內容。

這樣互惠是真實的。當你免費提供大量價值時，大家會尋找回報的方式。在瑪麗的案例中，她的客戶以毫無疑問的忠誠度和推薦作為回報。不知不覺中，瑪麗得聘請祕書負責接聽電話和安排預約時程，並聘請其他房地產經紀人幫忙服務大量的客戶。

瑪麗終於走上了通往非凡成功的平凡之道。

這條路是從哪裡開始的？她發現了一個沒有適當服務的利基市場，並且提供比她的競爭對手要好十倍的服務。

瑪麗建立了她的銷售漏斗，現在唯一的重點就是持續經營。通往非凡成功的平凡道路終於落實在瑪麗的生活中，她炙手可熱。

我的銷售漏斗

在二〇一四年一月，「播客天堂」已經正式上線兩個月，銷售額超過十萬美元。雖然銷售額很好，但我仍可以看到不妙的徵兆。一開始上市很成功，一直在期待這類課程的每位聽眾都加入了，但接著真正的挑戰出現了——銷售量開始趨緩，我必須想辦法讓其他潛在客戶源源不斷地來到身邊。我需要建立一個銷售漏斗。

我必須找到對製作Podcast感興趣的人，為他們提供免費價值，並帶他們踏上一段以「播客天堂」為目的地的旅程。這段旅程的每一步都提供大量的免費價值，最後則是給予他們加入「播客天堂」的機會。

第一步是確定我當前的潛在客戶來自哪裡，答案很簡單：《火力全開的創業家》。我知道有一定比例的聽眾想要了解更多關於製作Podcast的知識，但還沒有準備好投資高級課程和社團。我得在兩者之間建立一道橋梁，提供比較初級的課程，促使他們想要學得更多。

我決定建立一套免費的Podcast課程。這門課應該是高品質的，並包含教學影片和好用的模板，教他們如何建立和上市自己的Podcast。

我利用螢幕錄影軟體、簡報軟體和網路攝影機製作了五部影片，有時我會親自上鏡教學，有時則是以投影片示範。這讓我可以透過影片直接與觀眾建立連結，同時透過簡報傳遞價值。

建立免費課程時，提供明確的結果非常重要。建立一個免費但無感的課程，只會惹惱大家，把他們推向你的競爭對手以獲得想要的內容。所以我的免費Podcast課程標榜提供高品質的教學內容，並明確告知大家會有的收穫——在課程結束時，你就有能力建立、上架你的Podcast。

免費課程錄製完成後，我開始在所有的平台上進行推廣。在每集《火力全開的創業家》節目的最後，我都發出這個行動號召：「嘿，火力幫，希望你們喜歡今天與〇〇共度的節目時光。順便說一句，如果聽完這集節目，你有興趣開始錄製自己的Podcast，那麼我有好消息要告訴你。我有一套完全免費的課程，教導如何你該怎麼做，請上FreePodcastCourse.com網站即可立即開始。我們那裡見。」

有興趣的人瀏覽FreePodcastCourse.com網站時，會輸入他們的電子郵件來解鎖免費課程。很快地，每周都有數百人註冊，大家按照自己的節奏完成課程，我也收到數十封電子郵件，寄信人告訴我自己照著免費Podcast課程的教學，成功上架他們的Podcast。

這是這個銷售漏斗開始結出果實的時候。我兌現了承諾：以免費Podcast課程幫助大家推出自己的節目。現在我的學生已經成功上市，他們開始尋找下一個新痛點的解決方案。

什麼痛點？那就是增加他們的Podcast聽眾並產出現金流。這一點我也能提出解決方案：

請加入播客天堂，我會教你如何增加Podcast聽眾。一旦擁有大量聽眾，播客天堂還會提供流量變現的課程。

這些完成免費Podcast課程的人幾乎就在同一天加入了播客天堂。

是不是每一個完成免費課程的人都加入了播客天堂？當然不是。不是每個人都會在你提出提議時全盤接受，但是透過建立銷售漏斗並兌現一個有價值的承諾，你正在創造一種非常強大的情感：互惠。

你可能需要累積數周、數月，甚至數年的時間，才能讓某人採取下一個行動並加入課程、社團或計畫。你在銷售漏斗中提供的免費價值，是未來幾年會在不同時間點開花結果的種子。

我繼續為銷售漏斗添加新的層次和價值，先是製作一個《免費Podcast課程》的二十集Podcast節目，接著錄製「Podcast大師課」這堂六十分鐘的線上課程，還製作十五封專門的電子報，內容包含Podcast技巧、工具和策略。條條大路通向一個目的地——播客天堂。

多年來，我收到了不少人的訊息，表示自己在加入播客天堂前曾上過七次「Podcast大師課」，或者每封教學電子郵件都讀了三遍，又或者聽完五遍《免費Podcast課程》節目。

當你提供免費、有價值且一致的內容，並建立提供一個令人無法抗拒服務內容時，看到自己的努力成果只是時間問題。

走上非凡成功之道的《火力全開的創業家》企業家案例

羅素・布蘭森分享關於建立銷售漏斗

誰可以花最多的錢來獲得客戶，誰就是贏家。——丹・甘迺迪羅素覺得自己幸福得要命，因為他的生意是販售一張售價二十七美元的DIY馬鈴薯砲DVD，而每筆銷售的廣告成本不到十美元。羅素每筆交易的利潤超過十七美元，他認為自己的致富之路一片光明，但事實不然。

谷歌提高廣告費用之後，羅素的每一筆銷售成本就劇增到五十美元，等於每賣出一件商品就是在虧本。他必須快點想出個辦法，這個辦法最後變成銷售漏斗，永遠改變了他的生活。

在深入研究羅素的故事之前，讓我們倒退一步。究竟什麼是銷售漏斗？簡而言之，銷售漏斗就是客戶從被介紹到你最初的解決方案，一直到購買最終解決方案的整個過程。

銷售漏斗已經存在很長時間了，歷史上最成功的公司都利用銷售漏斗來增加利潤。

讓我們以買車為例：潛在客戶受到廣告、廣告看板和宣傳活動的吸引，這些廣告讓你踏進大門，讓銷售人員幫助你選車。大多數人認為這就是漏斗的盡頭，但這只是開始。當銷售人員帶你去辦公室簽署合約時，真正的漏斗才要開始。

以下才是銷售人員賺取大部分佣金、經銷商賺取大部分利潤的地方：你想要維修保固嗎？擋泥板？避免受到道路上鹽分侵蝕的底盤保護？升級到更好的輪胎如何？這些是一些汽車經銷商用來帶來真正利益的追加銷售。

麥當勞也使用相同的策略。他們的廣告主打令人垂涎的大麥克，這不正是你想要的午餐嗎？好吃！然而你在訂購大麥克時，會聽到「您要薯條和可樂嗎？」這樣的句子，這正是麥當勞的追加銷售。因為大麥克的廣告讓它們只能打平成本（甚至賠錢），他們是靠薯條和可樂來賺錢的。

接著讓我們談談亞馬遜。大家在網際網路的初期並沒有考慮過銷售漏斗這件事，多半只有一個靜態的銷售頁面，上面秀出一項待售商品。然後亞馬遜出現，完善了零售銷售漏斗。你在亞馬遜上面購買一本書時，會立即看到「購買這本書的人也購買了這些商品」。亞馬遜策略性地分析他們的數據，並推廣該購物者接下來最有可能購買的商品。亞馬遜之所以獲勝，是因為他們知道買家的下一個最有可能想到的問題，並加以控制流程的每一步。

回到羅素和他苦苦掙扎的馬鈴薯砲DVD生意。如果羅素免於破產的命運，就必須想辦法再次賺取盈利。幸運的是，羅素找到了一位在網上銷售類似產品的朋友，並發現提高利潤率的「祕密」。

他分享了「追加銷售」的概念：在買家購買產品後，為他們提供下一個合乎邏輯的解決方案，來增加平均客單價。羅素的朋友能讓三分之一的客戶願意為追加銷售買單，因此即使在廣告成本上升的情況下，他也能保持獲利。

羅素思考那些DVD買家下一步會採取的合理步驟：他們會去五金商場Home Depot購買製作馬鈴薯砲的材料。羅素進行了一些調查，在自家附近找到一家銷售馬鈴薯砲零件的公司，並與他們建立合作夥伴關係——每位購買羅素DVD的人都會得到一組馬鈴薯砲零件的優惠；每售出一組零件包，羅素可以獲得兩百美元佣金。

每三位客戶就有一位購買零件包，讓羅素客戶的平均客單價高達九十四美元。羅素現在可以負擔每筆銷售五十美元的廣告費用，而且仍能獲得四十四美元的利潤。

就在這時，羅素愛上銷售漏斗和客戶旅程的概念，他開始在其他市場應用這些原則，獲得相同的結果相同。他們會研究客戶旅程，並找出每次消費後下一個合理的步驟。這種策略使羅素的廣告價值超過了所有競爭對手，因為在將所有追加銷售因素考慮在內後，他的平均客單價始終是業內最高的。

創造銷售漏斗時，你需要問：「下一個需要解決的明顯問題是什麼？」

讓我們以練出六塊腹肌為例。每當有人到你的銷售頁面尋找練出六塊肌的方法時，你的工作就是讓他們相信你的產品可以解決問題。如果你成功了、客戶購買你的產品，代表他們還沒有練成六塊肌，但在他們眼中，自己已經做到了，因為他們只要花一點時間和利用你的產品，就能擁有六塊肌。

如果你的追加銷售是希望他們購買一本練出六塊肌的書，就會失敗，因為他們已經擁有練出六塊腹肌所需的工具，為什麼要買性質重複的產品？相反地，你必須問：「他們合理需要的下個解決方案是什麼？」答案可能是：「需要什麼營養補充品才能更快練出六塊腹肌？」或「我需要避免哪些食物，才能更快練成？」請記住，每當你銷售產品並解決問題時，就會出現一個新問題。

你的漏斗是圍繞「我如何解決下一個問題？」這個句子而建立的。用羅素自己的話來說：「策略性地思考你的客戶旅程——也就是你的銷售漏斗——這將幫助你從每個進到你世界的人身上賺到更多的錢。讓你能夠花更多的錢來獲得客戶，正如我的導師丹．甘迺迪所說的：『誰可以花最多的錢來獲得客戶，誰就是贏家。』」

（你可以在ClickFunnels.com上了解更多與羅素有關的資訊。）

⑬ 收入來源多元化

你不用看到整個階梯，只要有信心踏出那第一步。——馬丁・路德・金恩博士

我們都聽過一句有智慧的話：不要把雞蛋放在同個籃子裡。這句話在今天聽起來依然正確，我們生活在一個驚人的動態世界中，機會正在快速變化和發展。今天很熱，明天可能很冷；這個月對你來說大獲成功的東西，可能會在下個月變成鴨蛋。通往非凡成功的平凡之道不是要找到一件事並大獲全勝，而是建立一個多元化的企業，這個企業基礎將幫助你度過經濟周期和未來的轉變。

非凡的成功意謂著你將在順境中茁壯成長、精益求精。非凡的成功意謂著你必須創造多元化的收入來源，這樣才能在經濟、大自然或大眾生活出現意外時進行調整。

通向非凡成功的平凡之道，將指導你確認遠大理想、發現利基，並為你的化身的痛點創造最佳解決方案，你將獲得流量的吸引力和動力。

隨著觀眾的增長，你需要抓住每一個機會進行一對一的互動。我們在第十章中談了四個問題，讓你的受眾點出自己的最大掙扎，你得針對這點提供的解決方案。你創造了解決方案並建立漏斗，現在是確定下一步的時候了。

讓我們與你的觀眾重啟對話並詢問這五個問題，這五個問題與第十章中的問題類似，但對話的目的是讓你了解觀眾的脈動，並揭露他們潛在的想法，使你的收入來源可以多樣化。

1. 你是如何發現我的內容的？
2. 你還想看到什麼？
3. 你想減少看到什麼？
4. 你現在最大的掙扎是什麼？
5. 如果我可以給你一個按鈕，一按就會出現問題的完美解決方案，那會是什麼解決方案？

現在讓我們來談談每個問題，它們為什麼重要？這些對話將如何幫助你發現其他收入來源？

1. **你是如何發現我的內容的？**當你創造免費、有價值且一致的內容時，就會在穩定的基礎上增加新的受眾人數。了解大家是如何發現你的內容的主要管道至關重要，就可以將行銷工作的重點放在這些部分。

2. **你還想看到什麼？**隨著業務成熟，你的內容以及呈現方式會出現細微的調整，身為內容創作者的你甚至不見得會注意到這些變化。這個問題將確保你持續了解為什麼受眾會被自己的內容所吸引，以及他們希望看到更多什麼樣的內容。
3. **你想減少看到什麼？**時至今日，受眾一開始喜歡的內容可能不像以前那麼有吸引力了。這個問題將確保你及早發現趨勢，並根據需要進行調整。
4. **你現在最大的掙扎是什麼？**這個問題永遠都是最重要的問題，使你可以隨時掌握對受眾來說，真正重要的事情是什麼，並不斷提供他們最亟需和最重要的解決方案。隨著業務發展，受眾的掙扎也會隨之發展。此外，一旦你完善了最初的解決方案，就可以添加到解決方案套組中，從而使你的收入來源多樣化，並保護自己免受未來可能出現的不利因素影響。
5. **如果我可以給你一個按鈕，一按就會出現問題的完美解決方案，那會是什麼解決方案？**這是一個很特別的問題，它讓受眾有機會分享他們對完美解決方案的想法和點子，就像亨利．福特親赴生產線詢問工人如何改進操作一樣。有時候，除非你自己也面臨跟受眾一樣的掙扎，否則是無法找出最佳解決方案的，向你的受眾請教，有機會獲得原本不為人知的智慧珍寶。

總而言之，重要的是要記住：這個世界是瘋狂的、不斷發展的、脆弱的地方。未來的所有機會都在我們這個不可預測的世界中，請擁抱它。

很多人跟我說過以下類似內容的話：「約翰，我不敢相信我錯過了Podcast／Snapchat／Instagram／TikTok（或任何下一個厲害的新媒體）的風潮！」

我的回答總是一樣的：請保持敏銳的觀察，因為總會有「下一個風潮」出現的，你一定有機會全力以赴創造一些特別的東西。

我不是第一個製作Podcast的人。我的節目是在世界上第一集Podcast發布的八年後才推出，但我是第一個全力投入製作日更節目的人。透過主宰這個利基市場，我登上了Podcast金字塔的頂端，鞏固了自己身為領域權威和專家的地位。達到這種境界時，滾雪球效應就會發揮作用，你的權威和名聲會不會增長，便與你是否更努力沒有直接關係了。

例如，我在Podcast領域取得了一定程度的成功，富士比公司、Fast Company和其他媒體巨頭就開始報導我的創業故事，並曝光我的網站、產品和服務，這就體現了先發優勢的力量。

多元化我的收入來源

這麼多年來，我們創建了多個收入高達七位數的銷售漏斗。我最常被問到的一個問題是：「約翰，你是怎麼想出這些好點子的？」實話是我沒有，我只是遵循了通往非凡成功的平凡之道。

我建立了一群信任我的聽眾，因為我為他們提供了免費、有價值且一致的內容。我問他們最大的掙扎是什麼、驗證概念並製定解決方案，然後利用上一章中討論的策略建立銷售漏斗，讓聽眾踏上一段旅程，引導他們接受我提供的產品、服務或社群。

播客天堂很快變成了一個七位數的漏斗，當它已經馬力全開，就該尋找下一個漏斗了。

我分析了我們的業務：工作量來自哪裡？收入來自哪裡？什麼樣的內容產生了最大的影響？

答案很明確：網路研討會。我們的直播研討會做得非常好，帶來不少收入，因此開始每周舉辦一次。我們建立起固定的流程，以確保每場研討會擁有良好的參與率並順利運行。我們也逐漸收到很多關於網路研討會的問題：

- 我們是使用什麼平台來舉辦網路研討會？
- 我們在發送電子報之前和之後，分別做了哪些事？
- 我們是如何讓這麼多人定期參加？

這些問題給了我們下一個「叮咚」時刻。既然已經建立了一套很棒的執行系統，能定期向Podcast聽眾提供網路研討會，為什麼不教其他人這個系統的好用之處呢？這可能是實現收入多元化的第一步，同時為聽眾提供更多價值。

經過一番集思廣益，我們決定將這門潛在課程命名為「打造能變現的網路研討會」。遵循通往非凡成功的平凡之道，我們提供預售方案，以在投入時間、金錢和精力之前驗證這個概念。幸運的是，需求一直都在，預售狀況很不錯，證明了有一個現成、且願意為觀眾建立精彩網路研討會的個人市場。

「打造能變現的網路研討會」被證明是播客天堂極佳的額外收入來源。多年來，這門課程已經賺取數十萬美元，幫助我們的業務在財務面變得更強大、更穩定。

遵循通往非凡成功的平凡之道，就表示你正在建立一個強大的基礎——一個支持多樣化收入流的基礎，讓你可以視情況靈活地調整和適應。你現在不必了解基礎中的所有一磚一瓦，當你沿著平凡道路走向非凡成功時，它們會自己出現。

這是通往非凡成功的平凡之道，而不是通往艱難結果的混亂路途。相信流程、相信自己，最重要的是，邁出第一步。

走上非凡成功之道的《火力全開的創業家》企業家案例

斯圖・麥克拉倫分享如何讓你的收入多樣化

永遠不要依賴單一收入。進行投資以創造第二個來源。——華倫・巴菲特

斯圖二十多歲時，有幸得到白手起家的百萬富翁約翰的指導。約翰不是一夜暴富，而是透過時間累積。他教會斯圖關於短期財富和長期財富的區別：短期財富是今天有、明天就消失了；長期財富則會持續一生。

約翰經營了非常成功的研討會業務，得到短期財富，這提供了現金流，他利用這筆現金流以房地產的形式推動長期財富。在職業生涯的前半段，約翰是一名

沒有現金流的汽車修理工。直到四十多歲，他才投身研討會業務和進入房地產。約翰投資住宅物業、商業辦公室和其他房地產企業，他的房地產投資組合不斷增長，產生的收入也開始像滾雪球般越來越大。

約翰的研討會就是在教導其他人如何在房地產領域積累財富，他們可以根據約翰的經驗依樣畫葫蘆。約翰花時間將他的知識傳授給斯圖，斯圖現在以兩種方式思考創造多元化收錄：網路和實體。

斯圖透過網路事業賺取短期財富，他接著可以用這筆錢投資、創造實體財富。斯圖的網路事業包含在線上販售書籍、課程、會員資格、軟體、輔導、智囊團和現場活動等。這些短期財富同時來自一次性銷售和經常性銷售。

兩者中斯圖更專注於經常性銷售，常見例子是受眾每月支付費用以維持參與教練課、智囊團的資格，或是軟體的使用權。根據斯圖的經驗，你擁有的經常性金流越多，業務就越穩定。

在業務多元化方面，他深入市場的某個特定利基領域，並努力累積動力。這些不斷加乘的動力，可以讓你持續用相似的服務概念供給同一個市場，因此不必總是得重頭開始。成功的關鍵當然是成為你所在領域的公認領導者，並為受眾提供多種解決方案。

創造實體財富時，斯圖專注於兩種類型的房地產。他喜歡長期住宅租賃，因為它們提供穩定可靠的收入；他也喜歡短期的豪宅出租，因為它們價格高，利潤更高。

多元化的美妙之處在於，如果其中一個收入來源枯竭，你仍然可以依靠其他收入來維持業務，同時等待風暴過去或找到新的方向。用斯圖自己的話來說：「關鍵是透過維持在同一個市場上、並深入探索更多方法，在更高層次上為觀眾提供服務，從而積攢動力。這使你可以在產品中實現多樣化，並加強經常性收入，如會員、智囊團和軟體。然後用你的短期財富線下投資長租和短租豪宅，建立終生財富。」

（你可以在Stu.me上了解更多與斯圖有關的資訊。）

⑭ 增加你的交易量

如果你沒有願景，就沒生意了。——吉格．金克拉

如果你一直遵循平凡之路以獲得非凡成功，那麼現在想必是鬥志滿滿。你已經建立了非常好的基礎，同時正對世界產生影響。現在，你需要踩油門以增加交易量。無論是透過在 Facebook、谷歌或網路世界任何最新、最好的潛在客戶生成器上投放廣告，總會有增加流量的付費機會。在通往非凡成功的平凡之道上，我們將繼續專注於持續有效的常青戰略。你有你的平台，現在該好好利用它了。

我們以YouTube為例。觀看YouTube 影片的人已經很習慣使用這個平台了，所以，你需要做的就是創作精彩的影片內容，就能蹺腳等著流量上門，對吧？

在電影《夢幻成真》中，男主角凱文．科斯納有句名言：「如果你建造它，他們就會來。」可悲的是，現實世界不是《夢幻成真》；比較準確的說法是：「即便你建造它，大多數人也不會關心。」

忠言逆耳，我認為更準確的句子是：「即便你建造它，他們也不會關心，直到你讓他們意識到。」如何讓他們意識到？絕不是透過你在幻想泡泡中創造內容，以及一輩子待在你的幻想泡泡中。你需要創造出色的內容，然後與所屬利基市場領域中的其他創作者合作，讓他們也為你的受眾創作出色的內容。

以這個YouTube的範例來說，你需要找到其他跟你有著類似受眾群的YouTuber，與他們聯絡、互動和合作。你需要找到方法為他們的世界增加價值，並允許他們為你的世界增加價值。也許你可以為他們的頻道創作一段精彩的內容，他們也可以採取同樣的方式回禮；也許你可以在自己的頻道上採訪他們，並接受他們的採訪。

這是建立一種雙贏的關係，將讓他們的觀眾了解你，反之亦然。在你想太多之前，請記住以下幾點：漲潮時，所有船隻都會升起。

你必須以富足的心態來處理這項任務。總會有不想合作的人，而你只需立刻將目標轉移到下一個機會，因為面對這些抱持匱乏心態的人，沒有必要讓自己降低到他們的水準。

富足是你想要生活的環境，許多創作者也有同樣的感受。請張開你的雙臂，敞開你的心扉，找到在旅程中處於相似位置的其他人，與他們合作和交流。

如何增加我的流量

「改變那些已被改變習慣者」是我堅信不移的一句話。當年推出《火力全開的創業家》時，Podcast並不像今天這樣火熱。我是可以選擇花費大量時間、精力和努力來改變大眾的習慣，懇求他們把Podcast帶進日常生活中，但這將是一場龐大的戰鬥。

> 只有Podcast聽眾會收聽Podcast。——約翰．李．杜馬斯

所以，我選擇改變那些已經養成習慣的人。聽Podcast的人喜歡聽Podcast，手機上會裝愛用的Podcast應用程式，會在一天中的特定時間專心收聽，無論是通勤時間、去健身房或是在進行任何其他活動的時候。

我將行銷重點放在這些人身上。我知道Podcast聽眾的平均訂閱量是七個節目，因此我打算成為那些收聽「商業和創業類」Podcast聽眾口袋裡的那七個節目之一。

以下是我在兩年內將《火力全開的創業家》流量增加十倍的過程。這很花費心力，但卻是**正確的**努力，我在一路上玩得很開心：

1. 我去Apple Podcast分類研究商業類型排名前200的Podcast。
2. 我記錄這裡面所有以採訪主的Podcast。
3. 我研究他們最新十集節目，並聽完一整集節目。
4. 如果覺得我可以為他們的節目增加價值，就會點擊他們的網站連結。
5. 我會在他們的網站上了解更多有關Podcast主持人及其業務的資訊。
6. 然後我點擊「聯絡」按鈕。
7. 我會填寫他們的聯絡表單。

嗨XXX，我叫約翰．李．杜馬斯，是Podcast《火力全開的創業家》的主持人。我一直在聽你的Podcast，真的是印象非常深刻。我剛聽完你最近的一集節目，我最喜歡的部分是○○○。我注意到你在過去的十集裡談了很多很棒的話題，但□□□這個話題似乎尚未談過，而這恰好是我的專業領域。

我很樂意為您的聽眾提供這方面的價值。而且，為了讓合作更容易，這邊附上這集節目的建議標題，其中包含一些採訪流程重點。正如我之前提到的，我也是Podcast主持人，很樂意邀請您上我的節目，與聽眾分享您的知識和專業。我們可以考慮在接下來的一、兩周內安排一個小時的時間，各自花三十分鐘互相採訪，一箭雙鵰。

另外，身為Podcast主持人，我也知道來賓在節目上架時，幫忙分享是非常重要的。這一點您完全不用擔心，我一定會跟所有的粉絲分享的。這是我的行事曆連結，您可以看看是否有合適的時間，或者請回覆您的方便時間，我會盡全力配合。

《火力全開的創業家》約翰．李．杜馬斯上

PS：我也知道評分和評論對於Podcast的重要性，所以我給了您當之無愧的5星評論。請繼續創造精彩的內容，我希望我們能很快建立連結跟互動。

這份合作提案將為你帶來數百個其他Podcast的採訪，你自己當然也會獲得許多節目來賓。目前我每個月都會收到超過四百封訊息，都來自想要上《火力全開的創業家》的人。如果提案格式是類似我前面提供的範例，基本上會立刻成為我收到的前五名最佳提案。

這就是為什麼做無法等比例擴張的事情是如此重要的原因。你往外發展的活動越個性化和專精，就能獲得越多成功。你願意以百分之〇．〇一的成功率發送四百封罐頭提案，還是以百分之六十的成功率發送二十封客製化的提案？

這個精準的流程能確保我每個月至少擔任十個Podcast節目的來賓。每次我成為節目來賓時，都會竭盡所能提供最好的價值，並與另一位Podcast主持人建立良好的關係，每次採訪結束時，我的行動號召都是邀請聽眾搜尋我的節目《火力全開的創業家》。

這種曝光是宣傳《火力全開的創業家》最有效的方式。我將節目打造出來，接著去招募有收聽Podcast習慣的人，然後他們來了。

還有很多方法可以增加流量，我的建議是測試所有這些方法，追蹤結果，並專注於那些效果最好的方法。如果你負責創作內容，上述策略需要成為你策略增長計畫的一部分。想想你的化身，他們目前在哪裡？什麼是你接觸他們最好的方法？你如何為他們的世界增加價值，以讓他們尋找你的內容、成為你部落的一部分？

比利．吉恩分享如何增加流量

想停止宣傳以省錢的人，就跟想要停下時鐘以省時間的人一樣。——亨利．福特

比利．吉恩不怕得罪人，他的Podcast有個非常符合的名字：《比利．吉恩向網友開戰》（Billy Gene Offends Internet）。比利增加流量的策略可以用兩個字來概括：破費。

沒錯，這違反直覺，但比利保證，這是實現目標最快的方式。你現在可能在想：「你說得容易啊，口袋很深的比利先生。」

有錢人比利懂你，他知道沒錢是什麼感覺。比利一開始負債超過五萬美元，有家銀行關閉了他的帳戶並封鎖他兩次。有很長一段時間，他的生活充滿透支、

滯納金和帳戶餘額為負數。

比利喜歡開玩笑：「如果你沒有在銀行帳戶裡看過負四百美元的餘額，你就不曾活過。」他知道在你沒有流量時，在書上讀到「花錢增加流量」的建議是什麼感覺——就像是一記耳光，浪費時間。

但是這個建議絕對不是浪費時間。假設比利給你五美元，請你站在他的公司外面，負責舉廣告看板四小時。因為你需要這五美元，所以就這樣做了。由於有你的廣告，六個人進入比利的商店買東西，他當天額外賺了一百美元，全都歸功於這五美元的廣告支出。

這樣比利是賺錢還是虧錢？當然是賺錢。廣告關鍵就是：盡快收回你的錢，最好是在同一天。

比利在評估廣告機會時，會確定如何快速收回本金，這就是他喜歡線上廣告的原因。只要廣告的方式正確，你就可以花五美元在線上接觸高達一千人。

問題是，你能讓這一千人中的一個人購買二十美元、三十美元甚至五十美元的產品或服務嗎？更重要的是，你能否在投放廣告的同一天進行銷售？增加流量的重點就在於購買廣告並在同一天獲利。

比利可能一天花費超過五萬美元。他怎麼能這樣？因為比利總是把銷售擺在第一。大多數人都不敢推銷，害怕請人買東西，希望透過製作免費內容、與觀眾建立友好關係，等待時機到來。為什麼？因為這很安全，感覺好多了，這在他們的舒適區。

比利接觸更多人的祕訣是讓他們每次都購買，然後他進行更多銷售，就有更多的錢來購買更多的流量。

唱片公司是如何賺錢的？他們花錢讓旗下藝人登上大型廣告看板、電台和Vogue雜誌封面。唱片公司知道，只要藝人大紅大紫了，他們的回報將遠遠超過廣告成本。

購買超級盃廣告的公司也是因為他們知道銷售額會增加。

《財星》全球五百大企業在廣告上花費了數十億美元，因為他們有數十年的數據證明這是增加利潤最好的方式。

以下是如何將十美元變成每月三百美元的廣告預算。如果你每天花十美元為你的服務帶來流量並賺取二十美元，那麼你可以在第二天同樣花十美元再做一遍；三十天後，就會變成用十美元的廣告預算賺取三百美元——神奇吧，這些銷售額全來自一張十美元鈔票。

當你快速賺回本金時，就可以再次花掉它。

如果你受限於「我沒東西可賣」怎麼辦？那麼，請販售他人的產品或服務以獲得佣金。用比利自己的話來說：「你永遠不會被卡住，你只是沒有足夠的創造力，缺乏創造力會讓你破產，無聊也會。」

（你可以在BillyGeneIsMarketing.com上了解更多與比利・吉恩有關的資訊。）

⑮ 植入系統並建立團隊

每個系統都經過完美設計，目的就是為了獲得它現在所獲得的結果。

——唐納德．伯威克

在通往非凡成功的平凡之道上，我們每一個人都致力於反覆練習。我們把工作完成，並且努力做好。隨著業務日漸成熟，我們需要植入系統並建立團隊，這樣才能成長和擴展。

但凡事都有適合的時間和地點，沒有例外。

我到現在才談論系統和團隊是有原因的，在開始植入系統和建立團隊之前，從內到外了解自己的業務極為重要，你才能以此為基礎成長和擴展。

我們需要了解業務各方面是如何運作的。亨利．福特知道如何從頭開始製造一輛汽車，他已經做過很多次，等到完全掌握流程的每個步驟後，他才導入生產線，讓製造汽車變得更快、更好、更有效率。

想像一下亨利．福特在生產線上走來走去，研究過程中的每一步，在這裡進行調整、在那裡進行調整，並為每輛出產的汽車感到自豪。你就是你公司的亨利．福特，需要了解每個環節是如何製作，以確保能為受眾不間斷地提供高品質產品。

但是，要如何進行呢？讓我們一步一步來。

第一步是寫下你在一周內做的所有事情，請勤奮追蹤自己執行的每項工作。在一周結束時，你應該會有一份完整清單。

下一步是將工作分成兩個清單。清單一包含所有你下周會重複執行的工作，清單二則是不會重複的一次性任務。

然後丟掉清單二。

現在，重新排列清單內容，從最耗時到最不耗時逐一羅列出來。

從最第一條開始，找出你想要為其建立系統、最耗時的任務之一。接下來，寫出你是怎麼完成該任務的步驟流程。然後，確認流程，看看是否能找到任何不必要的步驟，刪除所有不必要的步驟，直到擁有你所能建立的最精簡和最高效的流程。

接下來，在你進行這段流程時創作一段影片，你可以使用Loom等免費軟體。

完成後，影片的檔名請務必要清楚正確，然後儲存在名為「系統」的資料夾中。

你每周的目標應該是按照上述步驟建立至少一套培訓內容，就可以在短時間內打造出教學資料庫，其中包含如何執行最耗時的任務。等到開始建立團隊，準備好的培訓內容請盡早發給成員，讓他們頻繁地閱覽。此外，如果你將來需要更換團隊成員或加入新員工，教學資料庫也能重複使用。

這個流程能讓你以非常有效的方式建立業務系統，因為你會先聚焦於最重複和最耗時的工作項目，然後一路把其他工作搞定。

接下來，讓我們聊聊建立團隊。

植入系統並建立「Team Fire」

《火力全開的創業家》於二〇一三年二月創立剛滿六個月，我們正在快速成長，每月收聽量首次突破十萬次。我剛從拉斯維加斯新媒體博覽會的第一次演講活動中回來。我已經到達新的階段，有更多人願意成為《火力全開的創業家》的來賓，我不需要著急地四處邀請人填補空位。

我一個人無法改變世界，但我可以在水面上投石頭來製造許多漣漪。

——德蕾莎修女

有家Podcast贊助公司的創始人跟我聯繫，準備為我的節目爭取贊助商。節目網站的訪問人數不斷增加，電子報訂閱數每天都在攀升，社交媒體的追蹤人數也在穩步前進——一切似乎都到位了。

時機合適，我知道自己已經準備好建立Team Fire。

當你獨自經營業務時，能做的事情有限。在過去的九個月裡（節目推出前三個月和推出後六個月），我一直在積極學習如何發展Podcast和線上品牌。我知道每天必須進行什麼事情，也知道自己希望它們如何完成。

我的負荷已經到了一個臨界點，如果想嘗試在日常工作中進行更多嘗試，那麼《火力全開的創業家》的核心要素就會受到影響。我知道自己的首要任務是好好當《火力全開的創業家》的主持人，主要工作是採訪成功創業家，這項任務沒有其他人可以接手，但是所有其他事項都可以外包。

我閱讀了克里斯．杜克的書《虛擬自由》（*Virtual Freedom*，暫譯）並寫了好幾頁的筆記。《虛擬自由》列出了我在招聘和建立團隊時需要遵循的確切流程。

我知道第一個需要招聘的角色是「社交媒體經理」。社交媒體會成為我發展品牌和提高《火力全開的創業家》能見度的重要推手，但我無法一邊認真提高社交媒體能見度，又一邊擔任《火力全開的創業家》最棒的主持人。

我開始在Virtual Staff Finder網站上搜索擁有理想經歷和技能的人才。三天之內，網站推薦我三位經驗和能力符合我設定的候選人。我在Zoom上分別對他們進行面試，並指定每個人執行一項工作，以確認他們的能力。收到完成的工作後，有一位明顯勝出，這是我第一位僱用的Team Fire員工，感覺很棒。

既然找到全職的線上助理，就能放心交出我的社交媒體經營工作了。我錄製了社群經營固定業務的教學影片，回答助理提出的問題，並對她製作的內容提供回饋。一周之內，助理就能在零監督的情況下順利經營所有的社群，我可以專注在其他的業務上。

幾個月後，我說服女友凱特加入團隊，並接管公司的幾項業務。在接下來的幾年裡，我們又多聘僱了兩位線上助理讓公司運作得更順暢，並將規模拓展到新的境界。我們是一個精簡的團隊，但分工非常明確，大家都能驕傲地執行分內工作。

建立系統和組成團隊不是一蹴可幾的，但如果你堅持不懈地努力工作，你就會為自己在通往非凡成功的道路上所締造的佳績感到無比自豪。

艾美・波特菲爾德分享如何植入系統和建立團隊

單槍匹馬，車水杯薪；同心一致，其力斷金。——海倫・凱勒

艾美表示她的網路團隊規模雖然小，但很強大，而且她會在這一點上堅持下去。艾美在二〇〇九年離開公司，開始經營自己的網路業務，並發誓絕不會建立大型團隊。她同時也訂定了公司文化及所有規則、政策和指導方針。

多年來，艾美一直信守這個誓言。她開設了多個課程和社群，不知不覺中，已經為數千名學生提供服務。艾美知道如果要讓收入要持續增加，同時維持最高品質的服務，就必須建立一個團隊。

雖然這一路上遇到很多困難和做出錯誤決定，艾美仍一步一步建立了夢幻團隊。她希望你能在建立團隊的同時，先從她的成功和失敗經驗中學習。

艾美現在擁有十八名全職員工和五名獨立承包商，為了有效管理團隊，她設

立了四個部門：行銷部、內容開發部、社群部和營運部。艾美在每個部門各聘請了一位總監職掌兵符，每周都與四位總監開會，討論業務經營的問題。這四位總監是艾美唯一直接管理的員工，總監之下還有經理和專員，這種分層結構能確保不會有人同時管理太多人。

每一季艾美都會安排兩天的時間跟總監親自碰面。在這四十八小時中，他們會逐一討論本季度的目標、上一季度的問題、需要解決的問題、如何改進業務以及每位員工的績效。會議結束之後，四位總監會向其他員工公布最新的季度和年度目標，這樣能確保團隊始終保持一致，朝著正確的方向前進。

為了方便溝通，團隊使用Slack作為發布公告和進行有趣討論的地方。至於業務的部分，他們唯一使用的工具是Asana，這是列出行動項目、追蹤專案和控管工作內容的地方。艾美常說的一句話是：「公司業務誕生於Asana。」

在招聘人才方面，艾美和團隊非常努力地導入一個有效的流程，有助於他們招募到一些原本可能不太符合條件的人，藉以保持團隊的多元化和包容性。此外，艾美還與一位人資及DEI（指多元化、公平和包容）顧問合作。在面試過程中，艾米和四位總監會決定面試者是否能為公司文化帶來加分。注意，這裡說的是「加分」，而非單純找個跟公司文化契合的人。文化契合通常意謂著一間公司只僱用與現有團隊成員類似的人；艾美則希望能打造多元化團隊，聘請能夠增添特殊經驗和洞察力的新員工。

下一步是測試執行，目的是要了解面試者的工作方式，以及他們是否可以在截止日期前順利完成工作。最後一步是與各級管理人員進行現場面談。

一經錄用後，會有九十天「試用期」，員工和雇主可以隨時終止聘僱關係。在這九十天裡，艾美的公司有詳細的入職流程，包括每周預計要完成的事務的計畫，以確保員工可以輕鬆地上手業務，而不是覺得自己被硬灌了一堆資訊。

一旦通過九十天的測試，員工將獲得健康保險、彈性休假、每年一次「純粹好玩」的團隊度假行程；如果達成獲利目標，則可以在年底獲得百分之二十的獎金。公司也沒有年度評鑑，只會根據需要進行評鑑。這可確保每個人都清楚地了解自己的角色，並營造出大家庭的氛圍。

用艾美自己的話來說：「電子郵件是企業家的葬身之處。溝通存在於Slack，業務誕生於Asana。沒有例外。」

（你可以在AmyPorterfield.com上了解更多與艾美有關的資訊。）

16 創造聯盟夥伴關係

如要對你的觀眾產生影響，就必須了解他們的痛點。——尼爾・派泰爾

我們已經討論過，理解你化身的痛點是通往非凡成功的平凡之道的關鍵因素。發現這些困難，你就能以產品或服務的形式創造解決方案，進而帶來令人無法拒絕的服務和可觀的收入。

但是，我們不能（也不應該）為每個問題都創造解決方案，那樣業務會變得太廣又太淺。在通往非凡成功的平凡之道上，我們追求的做窄做深，專心在為化身最大的痛點提供最佳解決方案。你的目標是成為領域內的佼佼者，讓潛在競爭者判斷跟你競爭並不值得。到了那個時候，你就會知道自己創造出特別的東西。

但是，要怎麼解決你的受眾在旅途中遇到的其他困難呢？這是建立聯盟夥伴關係的時候了。簡而言之，聯盟夥伴關係讓你可以向受眾推薦其他人的產品或服務，如果他們願意買單，那麼你的聯盟合作夥伴將支付一定比例的佣金。

為了追蹤從你那邊過來的客戶和轉換率，聯盟夥伴會提供一個聯盟連結專屬的連結給你，這樣才能提撥正確金額的佣金。又或者，你的聯盟夥伴可能會提供特殊的促銷代碼讓你進行促銷。

這裡我可以提供自己的例子，我會鼓勵聽眾在結帳時使用促銷代碼FIRE以獲得額外的百分之十五折扣。促銷代碼的缺點是，只能知道總共有多少人購買，但如果是透過專屬的聯盟會員連結，還可以知道導入銷售頁面的流量有多少。你就能夠了解轉換率，這很重要，因為它能幫助你判斷銷售頁面本身是否需要改進，這是非常有價值的資訊。

整體來說，聯盟夥伴關係很棒，讓你可以專注在提出你應該交付的解決方案，同時將聯盟夥伴推薦給受眾以解決其他問題。這些合作夥伴關係可確保你一直會是受眾想解決各種問題率先詢問的對象，因為你可以引導他們找到最佳解決方案。當受眾投資你的產品和服務、或接受你的推薦並付費購買聯盟合作夥伴的產品時，這些行為都可以讓你產生收入。

這就像好友上次打電話給你說：「我昨晚看了一部很棒的電影，你會喜歡的！」你看了之後也確實很喜歡。他們敢這麼說是因為了解你，所以才會如此大力地推薦。

「推薦」若是來自可信賴的關係時，效力會大大加乘。因此，你一直在通向非凡成功的平凡道路上建立這樣的信賴關係。你一直在向觀眾提供免費、有價值且一致的內容，他們知道、喜歡並信任你，欽佩你迄今所取得的成功。

如果他們想獲得有關當前問題所需的解決方案，就會尋求你的指導。建立正確的聯盟夥伴關係可以讓你成為觀眾的「一站式商店」，即使你不親自提供解決方案，你的建議或推薦也會引導他們朝著正確的方向前進。

一旦向聯盟合作夥伴證明你有能力帶來高水準的潛在客戶，就可以採取下一步行動了。這一步是請聯盟合作夥伴為你建立一個特殊的頁面，你所帶來的客戶在點擊聯盟連結時，就會進入這個網頁，上面會秀出你的個人品牌，以及僅為他們提供的特別優惠。特別優惠可能是延長的免費試用期、更好的折扣或獨家的額外服務。

此外，這是你增加自己價值以進一步吸引受眾投資的機會。在下一節我會分享自己如何利用上述策略，成功賺取超過一百萬美元的收入。這種策略可能很耗時，但日積月累下來會帶來龐大的回報。

你認真做功課，向受眾推薦了一個來自其他人、經過驗證的解決方案，所以如果他們決定投資，你當然應該得到聯盟佣金。我見過很多企業家沒有認真對待這個策略，錯失了無數的收入。請想像一個這樣的例子：

受眾中有人聽到你推薦某項的出色產品或服務，並分項能把他們帶到商品頁面的聯盟連結。但是，他們收聽當下正在慢跑，所以忘記了你所提到的確切連結，變成自己上網搜尋公司名稱、找到產品，這樣就算他們最終做出「購買」的行動，而且還是歸功於你的推薦，你也不會收到半毛佣金。但是，如果你遵循通往非凡成功的平凡道路的指導，並且讓聽眾非常清楚地知道：「使用我的聯盟連結，你還可以再折百分之十，並延長免費試用期」，那麼聽眾一定會赴湯蹈火、拚了命也要使用你的聯盟連結，以得到額外的好處。

請記住，這是你應當賺取的收入。它不是來自你觀眾的口袋，而是來自你幫忙介紹客戶而致富的公司。這是你應得的，請確保你有賺到這筆錢。

我的聯盟夥伴關係

聯盟收入目前占我每月總收入大約百分之五十，除了是我最大的收入來源之一，也是我的最愛。在推薦合適的產品或服務後，我收取佣金，工作完成了！我不需要提供進一步的培訓或資源。我介紹的潛在客戶如今交到聯盟夥伴的手上，如何繼續維持和發展這段關係，就是他們的責任了。

迄今為止，我最成功的聯盟關係是與ClickFunnels公司的合作（第十一章和第十二章中有更多該公司的故事）。他們的業務是提供企業建立銷售漏斗所需要的全部工具，包括登錄頁面、註冊表單、訂單、追加銷售、向下銷售等等。這是我每天使用的一項服務，多年來幫助我創造了數百萬的收入。此外，我與ClickFunnels創始人兼執行長羅素・布蘭森有私交，他告訴我：「ClickFunnels每天都致力於改進自己的平台。」

所以，每次有人問我是如何獲得收入，我都很誠實地分享我的漏斗如何創造大部分收入，以及ClickFunnels如何讓建立銷售漏斗變得很容易，然後分享我的聯盟連結EOFire.com/click，鼓勵大家可以免費試用十四天。

多年來，我已經實行了前述提及的許多策略。每位透過我們的聯盟連結加入ClickFunnels的人，我都會贈送一份《自由日誌》。我也和羅素一起主持免費的「銷售漏斗」大師課，只有透過聯盟連結加入ClickFunnels的人才能參加。我們甚至推廣ClickFunnels的「One Funnel Away」挑戰，每個挑戰者都會收到羅素寫的一本書，其中有一整章專門介紹：如果給我三十天時間來建立一個漏斗，我會做什麼。

我在很前期就看出ClickFunnels會是寶貴的收入來源。因為他們提供的是黏著性很強的優質服務，只要有人註冊並開始在上面建立自己的漏斗、登錄頁面、訂單表格和結帳頁面，想要說服這個人改用別間公司的服務基本上是不可能的。

學習軟體所需的時間、精力和心力非常重要，一旦我們對特定服務感到滿意，我們就會不想改變。ClickFunnels就是個完美例子；只要我的聽眾註冊了ClickFunnels，他們就會一直使用下去。這對我的好處是什麼？月復一月、年復一年，每當聯盟夥伴支付每月帳單時，我都會得到收入。迄今為止，該收入總計超過一百三十五萬美元。這是我口袋裡用推薦優質服務所得到的錢。

看到與ClickFunnels的合作是多麼有利可圖，我就動手創造更多方式來向聽眾推薦他們的服務。我請ClickFunnels以提供特殊折扣的形式來贊助我的節目，我會在節目和社群平台上大力宣傳他們的聯盟連結。

我也製作了免費課程「火力全開的銷售漏斗」（Funnel on Fire），教聽眾如何建立自己的漏斗，在課程的最後，我會建議大家透過ClickFunnels的十四天免費試用來實驗看看。這項策略讓我可以免費創造巨大的價值，然後推薦優質服務的免費試用版，ClickFunnels也可以透過自己最擅長的事情，將免費試用者轉化為長期用戶和宣傳者。

我還在電子郵件的自動回覆內容和EOFire.com/resources的資源頁面上宣傳ClickFunnels。基本上，只要能夠為我聽眾的主要困難提供絕佳解決方案的優秀公司，我就會推薦，因為這是一場勝利，而且是雙贏：我的聽眾贏得最好的解決方案；我的聯盟夥伴贏得付費客戶。這對我來說也是一場勝利，因為我可以為聽眾的生活增添更多價值，並在此過程中賺取聯盟佣金。

我希望這個例子能給你帶來興奮和想法。你不必為每個人解決問題，而是專注於自己最擅長的領域，並針對其他公司擅長的領域推廣他們產品和服務，為所有關係方創造雙贏的局面。

走上非凡成功之道的《火力全開的創業家》企業家案例

吉兒和喬許・史坦頓分享關於建立和管理聯盟夥伴關係

聯盟行銷可以創造百萬業務，並讓一般人成為百萬富翁。——波・貝內特（Bo Bennett）

二〇一一年，吉兒和喬許．史坦頓決定該拋棄朝九晚五的工作了。他們發誓再也不會去找所謂「正經的工作」，而是開始尋找實現財務自由和生活方式自由的最佳方法。

經過一些研究後，他們認為實現目標的最佳選擇就是聯盟行銷。因為聯盟行銷讓他們可以媒合有需要的人與適合產品和服務，同時抽取一定比例的佣金，而不需要真正去執行什麼任務。這種類型的業務能讓他們在不受時區或老闆束縛的情況下，實現長期出國旅行的夢想。

護膚是他們首次涉足的聯盟行銷領域，根據他們的市場調查，很多人會在網路上購買護膚產品。吉兒和喬許不確定要從哪裡開始，所以開始以「護膚」為主題創作內容，他們聯絡護膚產品公司希望能索取樣品，好拍攝實測影片，放在網站上供大家參考。慢慢地，流量開始滾滾而來，因為谷歌的演算法注意到很多人都從吉爾和喬許的影片找到想要的護膚答案。

他們的每篇文章都會放上聯盟連結，佣金從百分之五到百分之五十不等。他們持續撰寫部落格文章、影片評論和為其他網站供稿。

第一個月結束時，他們賺了一千一百美元的佣金。吉兒和喬許大受鼓勵，設定了每月賺取五千美元的超級目標。這筆錢可以讓他們實現在亞洲成為數位游牧族的夢想。

幾個月後，他們成功達到了五千美元的目標，並在多倫多一座湖上開了瓶葡萄酒慶祝。他們喜歡這個能讓資金不斷湧入的方式，而且不會因為產品交期、客戶服務或任何類型的執行業務而陷入困境。他們決定開始實施收入多元化，聯盟行銷的項目添加了化妝品、頭髮、個人衛生、減肥、營養品和其他一些利基市場。

他們後來跑到泰國，繼續精進和複製他們的聯盟模式，順利把收入提高到每月一萬三千美元。吉兒和喬許大部分的日子只工作兩到三個小時，然後便盡情享受生活。他們推出ScrewTheNineToFive.com這個網站，一邊作為生活風格部落格，一邊向大家分享他們的成功故事，並幫助其他人獲得財務成功。

在吉兒和喬許開始傳授自己的聯盟行銷守則之前，ScrewTheNineToFive.com的流量一直不甚理想。如今，他們已經幫助數百名創業家成功地在各種利基市場啟動了聯盟行銷業務，同時繼續在聯盟領域取得成功。

在一年的時間內（二〇一九年八月至二〇二〇年八月），他們賺取八十九萬美元的佣金。吉兒和喬許在聯盟行銷方面分享了三個技巧：

1. 列出你利基市場中的潛在產品，看是否有機會加入你創作的內容中，與大家分享。

2. 列出你使用的產品或服務，並建立教學內容告訴大家如何最大化這些產品的價值。有個不錯的範例是螢幕錄影軟體ScreenFlow。在購買之前，我們想了解更多關於ScreenFlow的資訊，所以在網上找到一個免費課程。決定購買ScreenFlow時，便使用了課程創建者提供的聯盟連結。如果你可以與提供產品的公司達成協議，為你的受眾提供額外的折扣或服務，你的轉換率將會倍增。

3. 是否有非你專業，但可以引導你的受眾前去觀看或加入的專業課程、社群？專心在一件你最擅長的事，並將受眾與他們在其他領域所需的解決方案相互連結。

用吉兒的話來說：「聯盟行銷是將我們的受眾，與我們使用、喜歡和相信的人、產品、課程和工具互相連結。信任是聯盟行銷的貨幣。」

（你可以在ScrewTheNineToFive.com上了解更多與吉兒和喬許有關的資訊。）

⑰ 守住你賺的錢

重要的不是你賺了多少錢，而是你存了多少錢、它是否完全為你所用、你希望這筆錢能傳給多少代的子孫。——羅伯特・清崎

真話往往都隱而不宣。還記得這本書的開頭我說「你被騙了」嗎？這件事每天都在上演，最有殺傷力的謊言就是那些講自己賺到多少錢的故事。有些人公然說謊，這樣他們才能「假裝到自己真的做到」；其他人則是美化自己的言語，讓它聽起來好像大獲全勝，但事實上只是一敗塗地。

社群媒體充斥著聲稱自己「我達到了六位數的上市成功！我的生意今年突破了百萬美元大關！我一個禮拜進帳五位數！」的內容。

有些說詞就只是睜眼說瞎話，有些雖然是「技巧性地說真話」，實際上也是在欺騙。如果你花了二十萬美元上市，要賺十萬美元並不是那麼難；如果你發薪和廣告的費用是兩萬美元，一周要賺一萬五千美元也沒那麼難。當你實際上的利

潤只有百分之一時，很難在亞馬遜取得一百萬美元的銷售額，即便你過去十二個月都非常努力（這個數字是來自一個我過去的真實客戶）。

我有很多認真工作的朋友，為這個世界帶來許多價值，從他們的努力賺取非常多收入，但到了一年的尾巴，他們不禁疑惑：我的錢都去哪裡了？讓我告訴你錢到哪裡去了：廣告費用、發薪……喔，還有稅金。這三件事情會在你沒有注意收入的每分每秒吃光你的利潤。

企業家很喜歡談論當年亞馬遜從沒有獲利，如何發展到今天創辦人傑夫．貝佐斯成為世界上最有錢的人之一。我的回應是什麼？祝福你運氣夠好，可以創造出下一個亞馬遜。

通往非凡成功的平凡之道不是打造下一個亞馬遜。這是關於創造財務自由和成就感的生活，這是關於建立一個讓你每天都充滿活力的企業，這是關於創造一項讓你的專業領域為世界增加巨大價值的業務，這是關於打造一項讓你過上自己想要的生活、不依賴任何人的業務。

這需要時間，但我已經將《火力全開的創業家》變成一門生意。我可以隨心所欲地去旅行，一年有超過九十天都在休假。每天早上在波多黎各夢幻家園醒來時，我的行事曆上只有我選擇要進行的會面和活動。我收到了數百封來自聽眾的電子郵件，他們分享了我的採訪、書籍、影片或貼文如何激發自己心中深處的火花，並讓他們走上了非凡的成功之路。

那是我的燃料，我的熱情，這就是我想要給你的。

但是，除非你開始留住賺到的錢，否則上述情況都不會發生。身為人類，我們喜歡量入為出。如果你每年賺四萬美元，那麼每年就會用四萬美元勉強度日。

當你的年薪增加到六萬美元時，你可能會認為所有麻煩都消失了，畢竟有額外的兩萬美元！我很富有！但一年過去，你可能會擁有更多「東西」，但財務上和當初一年賺四萬美元時完全一樣。你就像擁有一幢富麗堂皇但空無一物的紙房子，或許還有四百美元的緊急預備金。

你知道有百分之四十的美國人無法應付四百美元的緊急支出嗎？這是來自聯邦儲備委員會的資訊，多麼可怕的數據！當你靠薪水過日子時，壓力會一直存在，任何一次事故、經濟衰退或意外開銷都可能導致紙牌屋倒塌。感覺災難好像就在眼前，而且確實如此。

不過，那些能在景氣低迷時期倖存下來的人，將在風暴席捲後位於有利之處。量入為出的另一個問題是無法投資於你的生意，如果沒有多餘的資本，你就無法壯大團隊、將資金用於廣告支出並改善生意的基礎設施。如果你所在行業的競爭對手正在做這些事情，那他們的車尾燈即將從你的視線消失。

但有好消息。如果你下定決心保住賺到的錢，並建立儲備金，就可利用部署資產來鞏固和發展你的事業。

有兩本很棒的書針對這個主題做了進一步的討論，並提供你可以使用的具體策略。第一本書是經典之作：喬治・山繆・克雷森（George S. Clason）的《巴比倫富翁的理財課》，帶你回到數千年前學習一個亙古長存的原則：從付自己薪水開始。一旦你養成了每賺一美元就支付自己十分美元的習慣，就能開始組成金融大戰基金。一旦你有了一筆金融大戰基金，就可以讓錢為你工作。這是一個強大的想法，並且時時圍繞著我。

第二本書非常具有戰術性和策略性，是麥可・米卡洛維茲（Mike Michalowicz）的《獲利優先》。麥可是一位金融天才，我自己認識了數十家陷入困境的企業，都是透過實行《獲利優先》中的策略而扭轉財務狀況。

通往非凡成功的平凡之道是創造財務自由和成就感。你無法用一個空的銀行帳戶達成，如果不留下你賺的錢，就無法做到這一點。

學習這些書中的原則，你將走上非凡的成功之路。

留住我賺的錢

那一年是二〇一五年，地點在加州聖地牙哥。我已經快要達成連續第二年收入超過兩百萬美元了，心裡非常興奮，但讓人開心不起來的是——我剛開給美國政府一張二十五萬美元的季度稅務支票。

我知道當那張支票結清時，銀行存款不到七十五萬美元。這怎麼可能？我在二〇一四年賺超過兩百萬美元，還有望在今年突破四百萬美元。我的錢都去哪兒了？我決定認真審視我的財務狀況。在最初的幾年裡，只要業務能運作下去我就很滿意了，但現在我有更大的財務抱負。

我和會計師坐下來進行全面審計，結果並不理想。加上我的廣告支出、工資，以及最可怕的稅金，我留下的錢不及賺到的百分之二十五。雖然對於大多數企業來說，這並不是一個可怕的比例，但不會是我希望在《火力全開的創業家》看到的數據。

從第一天起，我在《火力全開的創業家》的目標就是營運一個精鍊、有意義又能獲利的機器。我想要財務自由和成就感。我想留住我賺的錢。我的會計師說了以下的話，正中紅心：「約翰，在加州賺錢並不難，但要變得富有幾乎是不可能的。」那些話如芒刺在背。我在加州有賺到錢，這是肯定的，但在扣除廣告支出、工資以及付出去的百分之五十一州稅和聯邦稅之後，剩下的錢不多了。似乎賺的錢越多，留下的比例就越小。

這消息讓人心情非常低落。我發現自己對於接新專案興致缺缺，在我的創業生涯中，這不是一段美好的時光。我開始花時間尋找合法的方法來降低賦稅，但一切似乎過於複雜和混亂。有天我看到有關波多黎各訊息，這是美國的一個屬地，他們通過一條叫做第二十號法案的東西來鼓勵美國本土企業家搬到他們的加勒比海島上。

簡而言之，第二十號法案將我的賦稅比率從百分之五十一降低到百分之四，這差距令人難以相信。我的會計師仔細研究了這條法案，我也與一些實際採取行動的人交談，結論是我知道現在是正確的時間和機會。

二〇一六年五月一日，我和凱特搬到波多黎各，找到了我們夢想中的家，從那時起就一直住在這裡。我們維持精簡的團隊，費用低廉，並留住（幾乎）所有我們賺到的錢。

自二〇一三年以來，我們一直在網站上公開每月收入報告，分享收入和支出。我們會記錄過去一個月的成功和失敗，並請註冊會計師提供稅務提醒、請律師提供法律提醒。收入報告幫助我們維持對受眾保持開放、誠實和透明的承諾。

我們仍然有幾個月的時間支出較高，但收入報告確保我們能夠把握生意的命脈——利潤。如果你想繼續與世界分享自己的聲音、訊息和使命，你要優先考慮自己利益。如果你不能養活自己和所愛的人，就無法產生影響。

你正走在通往非凡成功的平凡之道上。我們在此產生影響，並創造財務自由和充實的生活。

走上非凡成功之道的《火力全開的創業家》企業家案例

拉米特．塞提分享如何留下你賺到的錢

賺很多錢和變得富有之間存有巨大差異。——瑪琳．黛德麗

我們知道用錢來防守是什麼感覺。你到了月底，看看帳單，聳聳肩說：「我

想我就是花了這麼多錢，好像也只能這樣。」我們試圖在財務上領先一步，但「意外開支」總是會破壞我們的計畫。當你用錢當防守時，就會發生這種情況。

進攻就完全是另一回事，它讓我們夢想更大：坐商務艙去度假、去那家高檔餐廳吃飯而不必跳過開胃菜。進攻可以讓我們用錢過上富裕生活。

當拉米特開始在IWillTeachYouToBeRich.com網站撰寫與錢相關的文章時，他才二十出頭，單身，已經在為他的婚禮存錢了。拉米特要在過幾年才會遇到他的太太，但他希望這件事發生時，自己已經在財務上做好準備，才能負擔得起一場盛大的婚禮。

多年後，某次他前往俄勒岡州波特蘭市進行新書宣傳活動，一位年輕女子很感謝他帶來的啟發，讓她在訂婚之前就已經開始為婚禮存錢。拉米特希望能邀請她協助拍攝影片，分享她的故事時，女子卻拒絕了：「聊起來會很奇怪。」因為她甚至還沒有訂婚。

拉米特問自己：「為什麼為明知會發生的事情做計畫會覺得奇怪？」大多數人都會結婚、生孩子、買車和買房；大多數人最終都會退休並有需要照顧的年邁父母。為什麼為這些可能發生的生活事件做計畫和儲蓄會很奇怪？

如果我們不是一生都在防守，而是進攻呢？如果我們夢想更大呢？如果不是只考慮我們需要用我們的錢做什麼，而是考慮我們想要做什麼呢？

進攻意謂著把錢花在你喜歡的事情上，同時在對你不重要的事情上毫不留情地削減開支。拉米特推薦大家執行一個十年儲蓄策略，開一個自動儲蓄帳戶並設定每月投資。現在，你可以提前計畫並計畫夢想。

在接下來的十年中，你想進行哪些大筆採購？這可能是你與伴侶一起進行的一項有趣活動。孩子？托兒？旅行？在哪裡？多久的時間？

當你寫下夢想時，它可以讓你從小處著手，因為你有足夠的時間來實現財務目標。現在開始讓這些夢想化為可能。用拉米特自己的話來說：「把錢從一個處於防守、焦慮、緊張和內疚根源的地方拿走，然後改造成進攻。建立自動化系統並專注於如何用金錢讓自己過富裕的生活。」

（你可以在IWillTeachYouToBeRich.com上了解更多與拉米特有關的資訊。）

⑱ 知識的泉源

船待港灣內固然安全，但那並不是造船的目的。——約翰·A·謝德

我們經歷了如此精采的旅程，現在該讓你的船揚帆出海了，與我們一起踏上通往非凡成功的平凡之道。這最後一章被稱為「知識的泉源」是有原因的，這裡彙編了我多年來收到的最佳建議，並添加我的想法。我希望你在每次需要靈感、動力和指引時都能查閱「知識的泉源」。

我的知識泉源

第一個跟你分享的知識泉源當然是是來自於我！我自二〇一二年以來與成功的企業家進行了多達超過兩千五百次訪談，這些都是我最喜歡的老生常談，它們非常禁得起時間的考驗。

專注（FOCUS）：遵循一條航道直到成功（Follow One Course Until Success）

這可能是我在《火力全開的創業家》採訪中說過最多次的一句話：遵循一條航道直到成功。每當你在旅途中感到不知所措、太忙或壓力太大時，就該找到一個專注點並消除其他噪音。對我來說，這就是再為《火力全開的創業家》錄製一集高品質的訪談節目。那是引導我成功的一條航道，雖然能擁有其他也很不錯，但不是我的航行專注點。

成功的企業家確切地知道他們通往成功的途徑是什麼。你呢？

尋求許可？請看看鏡子

我一次又一次地看到很多人向他人尋求許可，允許開始、允許停止、允許呼吸……為什麼我們覺得需要徵求別人的同意？在通往非凡成功的平凡之道上，你唯一需要的許可來自你自己。這是你的生活、你的機會、你的道路，我們為什麼要讓別人帶路？

就一句話，請不要向他人尋求許可。

比較並感到絕望

拿自己與他人進行比較總是會導致絕望。總會有人更富有、更高、更瘦、更強壯、更漂亮、更快樂、更成功。總會有更窮、更胖、更弱、更醜、更悲傷、更不成功的人。

如果你記住以下幾點，就能過更幸福的生活：你唯一應該比較的人就是昨天的你。如果你在大多數情況下都贏得了這種比較，那麼你就已經在生活中獲勝。在通往非凡成功的平凡之道上，我們贏得了人生。

獲得市場牽引力並堅持下去

身為一名創業家，最難達成一件事就是概念驗證，所以當你確定自己創造出大家願意付費的解決方案時，就是該踩下油門的時候。

我見過無數創業家順利通過概念驗證階段，然後莫名其妙進入滑行模式。大錯特錯！當你得到市場牽引力之後，請全力以赴，然後為你的生活堅持下去。

我一直很喜歡「打鐵趁熱，把握良機」這句話，英文諺語的直譯是「在好天氣曬乾草」。農民們知道收穫乾草的時間是在陽光明媚的時候，因為總是有暴風雨等在不遠的未來。二〇一三年我想銷售「播客天堂」這項服務時，網路直播研討會幫助我們大獲成功。三年來，我大腳踩下油門，每周都進行一次直播研討會。我知道太陽會在某個時候停止閃耀，所以要確保在暴風雲出現前，從網路研討會中擠出每一滴機會。

不要賺多少花多少

為什麼有百分之四十的美國人拿出四百美元的緊急預備金？因為我們身處於訓練大家賺多少、花多少的社會。你剛剛從六萬美元加薪到八萬美元嗎？恭喜！但你是否好奇為什麼自己的帳戶金額在年底時，看起來仍然差不多？因為你把生活方式調整為每年八萬美元。沒錯，你的車庫裡可能多了一台新車，很享受高級旅行，但你會譴責未來的自己缺乏財務自由，也沒辦法擁有充滿成就感的生活。

成功的企業家不會過著賺多少、花多少的生活，他們建立自己的財務儲備金，並將其用於：

- 投資於他們的業務
- 投資其他業務
- 度過等在前方颳風下雨的日子，可能是幾天、幾周或幾個月你正走在通往財務自由和成就的道路上，請讓它好好發揮作用。

每天進步百分之一

一夜成名是神話。每天進步百分之一不僅可實現，還是成功的最可靠途徑。當你每天進步百分之一時，由於複利效應，時間會讓你的進展變成天文數字。

值得閱讀的兩本書是傑夫．奧森的《光明的邊緣》（*The Slight Edge*）和戴倫．哈迪的《複利效應》（*The Compound Effect*）。這些書分享了每天進步百分之一的價值，讓自己對這個衡量標準負責，你就會在通往財務自由和成就感的道路上走得很順利。

重複進行

有一個問題最讓我困惑：為什麼有些人認為自己可以／應該擅長以前從未做過的事情？每天我都會至少收到一封電子郵件，告訴我他們不能做某件事，因為他們從未做過且不擅長這件事。

我的回答一向相同：「為什麼你期望自己能擅長一件以前從未做過的事情？」麥可．喬丹在學會運球前就是一位偉大的籃球員嗎？菲爾．米克森在揮桿之前就是一位偉大的高爾夫球手嗎？當然不是，每個擅長某事的人都曾重複進行。

有人問我是什麼時候認為自己是一個好的Podcast主持人。我的答案是在第四百八十集。那是節目推出一年半之後，由於我每天都努力地練習，我的技巧每周都進步了一點。

你想在某事上變得厲害嗎？非常好！這是唯一的管道：重複進行。

始終如一

創業家不會失敗，他們只是停止去做最終會讓他們成功的事情。

更新一百集Podcast節目是艱鉅的工作，但是當我達到一百集的目標時，我並沒有成功，差得遠了。我花了十三個月才在財務上取得突破，那是四百多集。我必須保持比百集節目里程碑長四倍的時間才能找到成功，一旦得到它，我就必須保持一致、以維持我所獲得的成功。

實現財務自由和成就感的創業家並不比其他人更好、更幸運、或更聰明，他們只是在此工作的時間更長。伍迪・艾倫曾說：「百分之八十的成功來自於出席就好。」他說得對。你願意承諾「出席」嗎？不僅僅是今天，不僅僅是明天，而是長期出席？

我獲得非凡成功的平凡途徑包括連續兩千天推出兩千集，這就是五年半每天更新節目，你的承諾是什麼？

你只需要做對一次

在我生命的前三十二年裡，有很多事情都做錯了。但在三十二歲時，我做了一件對的事情：想要一檔採訪成功企業家的每日更新Podcast節目。那一件事使我獲得了我現在享受的財務自由和成就感。

從三十二歲開始，我在很多事情上都錯了，但其實我只需要一個想法。鼓起勇氣，要有信心。走到場上然後開始揮棒，持續揮棒。你可以錯過那個球一千次，但在下一場賽事，你可能會發現讓你擊出大滿貫的想法。

愛迪生在試圖弄清楚如何讓燈泡變得完美時，分享了一句很棒的話：「我沒有失敗，我剛剛發現了一萬種行不通的方法。」第一萬零一種方式成功了，看看我們現在的生活。為了實現財務自由和滿足，我們只需要對一次。

所有的魔法都發生在舒適圈之外

我們喜歡生活在舒適圈中，這裡真是太舒服了。然而，所有的魔法都發生在你的舒適區之外。

將自己推向新的極限、冒險和追逐夢想很可怕，但這就是非凡的成功之路。請和我一起走這條路，我會當你的靠山！

弄清楚是什麼讓你充滿熱情並讓你的視野聚焦

是什麼讓你充滿熱情？什麼讓你眼睛發亮？什麼讓你起雞皮疙瘩，讓你感覺還活著？一旦你確定了你的熱情所在，就會擁有聚焦的視野，為真正的問題創造最佳解決方案。

當你願意以帶著聚焦的視野吃飯、生活並與在熱情所在共處時，宇宙就會與你共鳴，你將找到通往財務自由和成就感的道路。

知識泉源：變化版

這裡我需要向詹姆斯．克利爾和他超棒的著作《原子習慣》，以及他那些必讀不可電子報致上謝意（你可以在JamesClear.com上訂閱）。以下是詹姆斯透過他的電子報和著作引起我注意的內容，全都是來自不同優秀人士的名言金句。後面還會有一大段來自克利爾本人的金句，你絕不能錯過！

如果你沒有得到你想要的東西，這表明你不是真的想要它，或者你試圖討價還價。——約瑟夫・魯德亞德・吉卜林

實現財務自由和成就感很困難，代價是努力、一致性和耐心。如果你不是真的想要它，就會試圖討價還價，這就是帶來災難的方法。平凡道路會幫助你取得非凡的成功，因為我們專注於成功所需的要素。請相信這個過程。

勇氣並不是一直大聲喧嘩；有時，它是在一天結束時一個安靜的聲音：「我明天再試一次。」——瑪莉安妮・蘭德瑪契

我們都見過那些充滿激情和燃料的人，似乎充滿了信心和勇氣，大多數卻都在幾個月之內被遺忘。在通往非凡成功的平凡之道上，勇氣只是意謂著說出：「我今天盡力了，明天再試試。」

無論你沒有改變什麼，你都在做選擇。——勞麗・布坎南

我們每天都在做出選擇。有些人選擇保持不變、停滯、維持現狀。在通往非凡成功的平凡之道上，我們選擇進化、調整並適應周圍的世界。我們選擇詢問觀眾的需求，並提供不斷變化的解決方案。我們選擇財務自由和成就感。

一人教，兩人學。——羅伯特・安森・海萊恩

你有知識可以與世界分享。當你分享這些知識時，不僅在教別人，而且也在學習。你正在學習如何教學、如何解決學生的困難、以及如何應用你的知識來影響世界。你正在學習通往非凡成功和讓世界充滿熱誠的平凡道路！

世人不會決定他們的未來。他們決定自己的習慣，而他們的習慣決定自己的未來。——F・亞歷山大

許多人聲稱他們最想要的是財務自由和成就感，但他們的習慣並沒有反映這

個願望。那些獲得財務自由和成就感的人首先確定會帶來非凡成功的習慣，並每天實行這些習慣。你的日常習慣是取得非凡成功的基石：辨別、套用、執行。

有時候，魔法只是某人在某件事上花費的時間比其他人合理預期的還要多。
——潘恩與泰勒

你願意重複練習嗎？你願意花比你最接近的競爭對手的十倍時間努力嗎？你是否願意認真工作，以讓你的解決方案是方圓百里內的最佳解決方案？當你投入的次數比其他人合理預期的要多時，你就能創造魔法。

問的人傻了五分鐘，但不問的人永遠是傻瓜。——英文諺語

那些走在通往非凡成功的平凡之道上的人永遠不會停止學習。我一直都會有位導師，我將永遠是智囊團的一分子，我了解「自己不是房間中最聰明的那個人」所代表的力量。你呢？

你沒有任何祖先被壓扁、被吞食、淹死、餓死、擱淺、被牢牢困住、不巧受傷、或以其他方式偏離其一生的追求，也就是在正確的時間向正確的伴侶提供少量遺傳物質，使唯一可能的遺傳組合序列——最終，令人震驚且如此短暫地——永存在你身上。——比爾．布萊森

很難獲得觀點，要堅持更難。在伊拉克戰爭期間，當迫擊砲彈在身邊落下時，我清楚地記得自己在想：「如果我能安全回家，我將永遠不會再認為自由的一天是理所當然的。」可惜在那之後，我仍過了一大段把自由視為理所當然的日子，但我努力保持感恩的態度。無論我的一天有多糟糕，都無法與伊拉克那可怕的一天相比。

你可以用過去的什麼來幫助提醒你今天所擁有的有多好？觀點是一種強大的武器，請明智地使用它。

如何提高銷售業績

1. 銷售很像打高爾夫球。你可以讓它變得複雜到不可能，或者就這樣走過去擊球。基於領導和建立銷售組織近二十年的經驗，我的建議是直接走上前

去擊球。

2. 銷售就是關於人，關於解決問題。它與方程式、技術、化學品、程式碼或朝鮮薊都無關；它與人有關，與解決問題有關。

3. 人們會買四樣東西，也只買四樣東西，一向如此。這四件事是時間、金錢、性和認可／身心安穩。如果你嘗試賣這四樣以外的東西，就會失敗。

4. 大家總是會買阿斯匹靈，只在偶爾想到的時候購買維生素；請賣阿斯匹靈。

5. 我在每次演講中都說：「在一切條件相同時，大家會傾向從朋友那裡購買產品或服務。所以，請讓一切條件相同，然後結交很多朋友。」

6. 具備價值且有用是你賣東西時唯一要做的事。幫助他人、發表有趣的貼文、寫生日賀卡、錄製影片，分享你發展生意的想法。介紹可以從相互了解中受益的人，然後離開，不求回報。始終如一地、真誠地這樣做，大家會因此想方設法給你錢。我保證。

7. 沒有人關心你的配額、你的工資、你的運營支出、你的消耗率等等。沒有人。他們只關心你為他們解決的問題。

全球經濟中有超過一百萬億美元正等著你取得。

祝你好運。

——科林・道林

知識泉源：詹姆斯版

詹姆斯・克利爾是一位我十分敬仰的企業家，原因不勝枚舉。他在寫作方面非常努力。多年來，他一直非常堅持和有耐心，因而從紐約時報暢銷書《原子習慣》獲得了巨大回報。他的電子報是我唯一會在每周送抵信箱時，立即閱讀的電子報，你可以從JamesClear.com了解更多資訊。

以下是我過去幾年最喜歡的詹姆斯・克利爾語錄，請好好享受。

寬容過去的自己，嚴格對待現在的自己，靈活應對未來的自己。

我們無法改變過去，只能從中吸取教訓。我們完全控制此時此刻，請踩下油

門前進！世界在不斷發展，你的未來也是如此。請不要對尚未展開的未來過於嚴苛，給自己調整和茁壯成長的空間。

財富是選擇的力量，金融財富是選擇如何花錢的力量，社交財富是選擇與誰交往的力量，時間財富是選擇如何度過一天的力量，精神財富是選擇如何分配注意力的力量。

通往非凡成功的平凡之道的目標是為你提供選擇的力量，當你可以選擇如何使用你的金錢、時間和精力時，就能真正達到非凡成功。

如果你想更認真地處理某件事，就大方去做。發表文章會促使你清楚地思考；參加比賽會促使你堅持訓練；介紹任何主題都會促使你去學習它；社會壓力會促使你提高自己的水準。

責任就是一切。這就是為什麼我致力於建立一個充滿我認識、喜歡和信任的人的智囊團。當我們被尊重的人督促時，永遠可以做得更好。讓它成真，好戲上場。非凡的成功位在你的舒適圈之外，所以出發吧！

大多數失敗都是一次性成本，大多數遺憾是經常性成本，什麼都不做的痛苦比錯誤行為的痛苦更持久。

那些揮棒最多次的人打出了最多全壘打。它使我們能夠從失敗中吸取教訓，調整並再次揮動。請記住，遺憾是你在生命結束時不希望存有的事。請擁抱行動，釋放遺憾。

不必要的承諾比不必要的持有物更浪費。持有物可以被忽略，但承諾是一種經常性的債務，必須用你的時間和注意力來償還。透過幫助別人、做對他們有意義的事情，你可以在自己的生活中創造很多意義。我有很長一段時間對一切都說「好」。然後我意識到，每次我對一件事說「好」時，我就是在對

當時其他所有可做的事情說「不好」。有了那次啟示之後，我對自己的承諾非常謹慎。

通往非凡成功的平凡之道是關於自由，而不是限制。

每一次行動都是對你想成為什麼樣的人的一次投票。

你剛吃了一袋巧克力夾心餅乾嗎？這就替變胖投了一票。你連續運動五天嗎？這是為擁有最佳健康狀況而投的一票。你如何用你的行動進行投票？

吸引好運的方法是在有價值的領域變得可靠。你重複傳遞價值的次數越多，就會有越多的人為這個價值來找你。你的名聲是一塊磁鐵，一旦你因某事聲名大噪，相關機會就會來到你身邊，不需要額外努力。

當你拒絕進入一個服務不足的市場時，就是在讓自己陷入默默無聞的生活中。沒有人需要來自Instagram上第一萬零六百三十四位成功人士的建議，他們只想和最能成功訓練聾狗彈鋼琴的人聊天——這個利基市場是我隨便舉的，但你懂我要表達什麼，請成為你利基市場中的佼佼者，大家會自己來找你，機會無處不在，就是這樣。

在訊息豐富又易於取得的世界中，真正的優勢在於知道將重點放在何處。

如高度聚焦是通向非凡成功的平凡方式。你可以在當今世界中專注於哪些尚未變得容易但資訊豐富的領域？你能解決哪些在谷歌上敲幾下鍵盤還無法解決的問題？當你找到答案時，就是你的了。

獲得傑出人士關注和尊重的最佳方式是做出傑出努力，物以類聚。

重複進行，每天進步一點點。有一天早上，你會在起床時變得與眾不同，人們會沿著一條小路走到你家門口。

不把事情看做針對個人是一種超能力。

我清楚記得第一次看到負面評論的感覺，就像對我腹部重擊一拳。我向我的導師提到了這件事，她的回答是：「你終於到了這個境界。」她解釋說，在這個世界上創造有意義事物的每個人都在表明立場，只要你表明立場，就會有對立者。他們可能不同意你、或不喜歡你，或更有可能——他只是這天過得很糟糕。

如果你記住這個咒語，要克服負面評論就會容易得多。受傷的人會傷人，如此簡單卻又如此真實。酸民在內心受到傷害，心中有些東西壞了，而他們正在猛烈抨擊其他人。請同情這些人吧，雖然他們可能不值得同情，但他們需要被同情。

當你停止思考別人會怎麼想時，創意就會出現。

為什麼你願意為財務自由和成就感而努力工作？這是為了你的鄰居嗎？是為了你的高中同學嗎？應該不是吧。

這是為了你和你愛的人。非凡成功來自創意，當你不再在乎別人的想法時，創意就會出現。

你對注意力的控制越多，你對未來的控制就越多。

這個世界上存在的一切都是為了分散你的注意力，人們付出數百萬美元來分散你的注意力，每個人都在尖叫著引起你的注意。如果你想實現財務自由和滿足感，請控制自己的注意力。一旦你控制了自己的注意力並專注於平凡的道路，財務自由和成就感就是屬於你的了。

知識是好奇心的複利。

想出你的遠大理想並不容易，關鍵要素之一是好奇心。如果你可以透過環繞某個主題來增強你的好奇心，那麼你就能增加知識並熟練此道。熟練將讓你成為你的利基大師，成為你利基市場的主宰者就能帶來非凡成功。

如果你有良好的習慣，時間就會成為你的盟友，你所需要的只是耐心。

當你確定並實行正確的習慣時，找到通往財務自由和成就感的道路只是時間早晚的問題。讓時間為你工作，而不是相反。

自由悖論：擴展自由的方法就是強化你的專注力。專注儲蓄以實現財務自由；專注訓練以實現身體自由；專注學習以實現知識自由。

對此我唯一要補充的，就是專注（Focus）是我最喜歡的兩個字。請遵循一條航道直到成功。

你花費注意力的地方就是你耗盡人生之處。

人生只有一次。請找到你的熱情，將它與你可以為世界提供的價值結合起來，並全神貫注。然後，你將會耗盡一生做自己喜歡做的事情，同時影響他人的人生。如果這不是成就感的定義，那還能怎麼解釋呢？

不要擔心需要花費多久時間和開始行動，無論選擇為何，時間都在流逝。

我們都是普通人，都喜歡拖延，為了拖延而拖延。如果我能在屋頂上大喊一件事，那就是：現在開始！不，不是十秒內，就是現在！

如果沒有努力，偉大的策略會是一場夢。如果沒有一個偉大的策略，努力就會變成一場噩夢。

如果你想實現財務自由和成就感，請努力，但你的努力必須是有目的的，這就是策略的用武之地。如果你在錯誤的方向上以每小時一百萬英里的速度奔跑，那麼你最終將遠離你的目的地一百萬英里。

努力工作，聰明工作，找到一個合理的策略，然後執行。

耐心最有用的形式就是堅持。耐心意謂著等待事情自行改善；堅持意謂著當事情比你預期的要長時，維持低頭並繼續努力。

每一天都是一場新的戰爭，請對重要的事說好、對不重要的事說不好。專注是一種練習。

緩慢而穩定通常會獲勝，因為它能讓你保持動力。接受在控管中的挑戰，你會經常收到進步的訊號。如果貪心不足蛇吞象，進度就會停滯不前。當你有進度時，就會想繼續前進；當你破壞進度時，就會想停下來。

不要破壞進度。不要停止。每一天都是一場新的戰爭。

知識泉源：凱文．凱利版

這些價值炸彈來自凱文．凱利，他在六十八歲生日時發表了《六十八條不請自來的建議》（*68 Bits of Unsolicited Advice*），你可以在KK.org上找到更多關於凱文的訊息，或者搜尋「Kevin Kelly 68」找到這篇文章。

以下是凱文的文章中，我最喜歡的十四條不請自來的建議。請好好享受。

學著向那些你不同意甚至冒犯你的人學習，看看你是否能從他們的信念中找到真相。

如果我們錯過了從各種情況中學習的機會，就會限制我們可以獲得的知識。生活中的所有情勢都充滿了學習機會，如果我們向那些我們不同意或感到被冒犯的人學習，就是在用對我們有益的方式增長自己的知識。

平凡的成功來自於讓自己遠離學習機會；非凡的成功是向所有人學習的結果。

熱情價值25點ＩＱ。

剛推出《火力全開的創業家》時，我並不是一個很好的主持人。我很緊張、沒有經驗，而且節目很粗糙。但我很有熱情、非常熱情，有時候太熱情了。但是，熱情是會渲染的，它讓我的來賓放心、讓我的聽眾興奮不已。他們知道我在乎，知道我正在努力改進，知道我已經盡力了。

追根究柢，我們會支持那些盡心盡力的人。請對你所做的事充滿熱情，還會有其他替代方案嗎？

隨時要求一個最後期限。截止日會摒除無關緊要的和普通的事務，它會阻止你試圖變得完美，所以你必須讓它變得不同。不同比完美更好。

我想先贊同最後一句話：不同比完美更好。再來，我也同意截止日就是一切。

帕金森定律指出：工作總會填滿所有可用的完成時間。這句話是百分之百是真的。如果你給自己一整天時間來完成一項工作，它就會占用你一整天時間。當我用一個空白行事曆和充足時間來開始新的一天時，我就會繼續拖延。但是當我做了一個簡單的切換，將定時器設置為四十二分鐘，然後按下開始，一切突然就能妥當管理了。我會拚命在四十二分鐘內盡可能寫出優質的內容，心裡知道等四十二分鐘結束時，就可以休息一下，在十八分鐘的提神時間裡做一些有趣的事情。

我們一定要一直設定最後期限。一旦到達截止日期，我們就要送出。非凡成功並非來自完美，而是源於不完美的行動。

不要害怕問一個聽起來很愚蠢的問題，因為其他人在百分之九十九的時間都在想同樣的問題，而且都不好意思問。

這讓我想起讀過一段關於亨利．福特的話。他在法庭上受審，律師試圖透過問他一系列瑣碎問題讓他看起來很笨。福特幾乎對每個問題都回答「我不知道」，律師們大吃一驚，這樣一個「沒學問的人」為何能經營世界上最成功的汽車公司呢？

亨利的回答是：「因為我知道自己『需要知道什麼』才能經營世界上最成功的汽車公司，其他任何事情在我腦子裡都是亂七八糟。如果我需要知道其他事情，我會請一位助理去查書。」

我之所以分享這個故事，是因為認為「自己需要知道一切」是很愚蠢的。我們需要學習能夠指導我們針對非凡成功有具體追求的知識，對於其他一切，交給網路。下次你有個問題並且覺得問它很傻時，無論如何都要問出口。它代表你有向他人學習的智慧，以及不為此感到尷尬的信心。

感恩會解鎖所有其他美德，而且是可以讓你可以做得更好的東西。

我每天都從完成以下句子開始：「我很感恩，因為……」

感恩是一切的核心基礎。如果我們越能活在感恩的心態中，就越能享受在這個世界上的時光。我發現即便我很努力不要忘記，也是會失去感激之情，但正如凱文．凱利所說的：感恩是可以讓你變得更好的事。當我們覺得感激不盡時，我們生活中的一切都會因此受益。

專業人士只是知道如何從錯誤中優雅復元的業餘者。

我們都是業餘者。儘管我們喜歡自欺欺人，但我們只是一群在陌大宇宙間的岩石上跑來跑去、試圖弄清楚的孩子。專業人士犯了我們都犯過的錯誤，但恢復得如此優雅，以至於我們沒有留意他們的錯誤，或對他們挽救局面的方法感到敬畏。請變得善於犯錯，甚至更善於從錯誤中恢復。

不要成為最好的，而是成為唯一。

什麼都要當第一名是一項艱鉅的任務。如果你要我成為某方面的佼佼者，我會先研究那些在某領域被認為處於領先地位的人，然後馬上感到不知所措和絕望。

這就是我在剛開始Podcast之旅時的感受，我研究了那些被認為是業界頂級的人物，然後發現自己永遠無法與他們競爭。他們經驗豐富、知識淵博，而且做得非常好。

然後，我探索了Podcast中尚未探索過的世界，這就是讓我成為唯一的原因。我推出了第一個每日更新的Podcast，採訪世界上最成功的企業家。我不是最好的，但我是唯一的。成為唯一就足以取得非凡成功。

當有人拒絕你時，不要把它當作人身攻擊。請假設他們和你一樣：忙碌、時間被占滿、心煩意亂。請稍後再試。第二次嘗試的成功機率是如此令人訝異地高。

剛推出《火力全開的創業家》時，我會因為別人拒絕接受我的採訪邀約感到氣餒。然而，我發現如果我在兩、三個月後禮貌地再次詢問，經常會得到肯定的答覆，因為時機更好。

現在輪到我被這些邀約轟炸。有時我會感到不知所措，對所有事情都說不。其他時候，我會花時間評估每個機會，並對最有前途的人說「好」。

不要認為任何事情都是衝著自己而來。大家都過著各自瘋狂、忙碌和分心的生活，每一個拒絕都應該被視為「現在不方便」。

在任何情況下都要保持著尊重和禮貌行事，你會發現機會的花朵會在第二次或第三次嘗試時綻放。

習慣的目的就是從自我協商中消除這種行為。你不再花費精力來決定是否去做。就去做吧。從說實話到使用牙線都可以是良好的習慣。

一旦你在生活中總是採取行動（無論是積極的還是消極的），行動都會開始產生對你有利或不利的影響。習慣是強大的磚塊，這就是為什麼我們要盡可能地積累好習慣。良好的習慣是實現我們渴望的財務自由和滿足感的關鍵基礎。

你對別人越感興趣，他們也會對你越感興趣。要有趣，就要感興趣。

你有那些只會說話、說話、一直說話的朋友嗎？他們對你說或做的任何事情都不感興趣，他們只是說說而已。隨著時間，我們會發現他們越來越不好玩。如果你想讓人們覺得你很有趣，就對他們感興趣。請問他們問題，對他們的活動感到好奇，關心他們的生活。

神奇的事情會發生：他們會想更了解你，因為他們會突然發現你很迷人。

如果要做一件好事，就去做吧。如果要做一件偉大的事情，只需要一直重做、重做、再重做。製造美好事物的祕訣在於重製。

早上起床。重複進行。睡覺。早上起床。重複進行。睡覺。這就是你變熟練的方法。

我讀過一篇關於陶藝課的研究，非常適合這個主題。老師把房間內的學生分為兩群，第一群學生必須繳交整個學期最好的一件作品給老師評分。一件陶器，一個分數；陶器越好，分數就越高。

另一群學生則是以數量評分。他們製作的陶器越多，分數就越高，品質一點也不重要。在期末來臨時，發生了一件有趣的事情。

以品質評分的學生一直在努力製作完美的陶器，結果整個學期做出來的數量很少，而且品質都很差。至於那些依數量評分的學生，則做出一堆又一堆的破罐子，但整個學期下來，他們的陶器卻越做越好。由於不管品質，等於鼓勵他們盡可能地重複製作。結果是什麼？他們的重複變成了一項技能，變成了高品質的陶器。在學期末，他們不僅擁有最多罐子，而且擁有最好的罐子。

這則故事的啟發是什麼？重複進行。

我的每日更新Podcast就是我的故事版本。在最初幾個月裡，我積累了很多糟糕的陶器（節目），但隨著時間過去，我的重複練習得到了回報。你的也會。

犯錯是人之常情。承認自己的錯誤是神聖的。沒有什麼比迅速承認、為自己所犯的錯誤承擔個人責任、然後公平地改正錯誤更能提升一個人的水準了。如果你搞砸了，請坦承。這種責任強大到令人意外。

百分之百掌控生活中的一切的感覺真是太棒了。大多數人花費大量時間、精

力和精力去尋找可以歸咎他們糟糕生活的人和狀況。當你停止玩這種責備遊戲，並完全掌握你在這個世界上的位置時，一切都會改變。

犯錯是人之常情。請擁有它，接納它，從中學習。這種態度將使你走上通往非凡成功的平凡之道。

你可以專注於為客人／觀眾／客戶服務，也可以專注於擊敗競爭對手。兩者都有效，但在兩者中，專注在客戶身上會讓你走得更遠。

那些走在通往非凡成功的平凡之道上的人選擇了一個專注點。在你的客戶和競爭對手之間，請務必關注你的客戶。從競爭對手中學習，但要關注你的客戶。

你的行為代表你這個人。不是你的言論，不是你的信念，不是你如何投票，而是你花時間做什麼。

請誠實評估：你如何度過你的日子？你是否有健身、維持健康飲食、喝水並優先考慮睡眠？那麼，你就是一個非常健康的人。

你所作所為恰好相反嗎？那麼你就是一個與健康相對的人。

我們度過日子的方式就是我們度過人生的方式，我們度過人生的方式將直接反映在我們所得到的成功（或缺乏成功）。我們正在走向非凡的成功之道，將時間花在正確的事情上，這將使我們能夠實現財務自由和成就感。

宇宙在背後密謀讓你成功。如果你擁抱這個幻想，就更容易達成。

既然你可以選擇你的心態，為什麼不選擇樂觀呢？藉由閱讀這本書，你已經為自己贏得了機會。

請接受上天為你做最好的安排，幫助你取得非凡成功的信念，並在你所做的每一次努力中都帶著這種心態。

知識泉源：納瓦爾・拉維坎特版

我是在提摩西・費里斯的節目上認識了納瓦爾，立刻被他簡潔、簡單、清晰的人生想法所吸引，我希望你也是。你可以在Twitter @Naval 上找到他。

做一個理性的樂觀主義者。

人生有兩種選擇：悲觀主義者或樂觀主義者。在這兩者中，樂觀主義者會發現通向非凡成功的平凡之道是一條更輕鬆、更愉快的道路。

既然你要選擇做一個樂觀主義者，那麼也可能是一個理性的樂觀主義者。沒有必要在不理性的希望、夢想或想法上浪費時間、精力和心力。我們需要專注於焦點，理性對待我們的目標，並耐心等待我們的結果。

藉由真誠來避免競爭。

很多時候我們看到別人在某個領域取得了成功，就會想要模仿，但通常只學到了表面工夫而不自知，並獲得糟糕的成果時感到驚訝。世界是一個競爭激烈的地方，當你走在通往非凡成功的道路上時，只要做自己：真實、透明、脆弱的自己，就可以避免被競爭對手壓垮。

尊重每一個人。

我喜歡這句話：「在你過得好時對每個人都好，這樣他們在你過得不好時也會對你好。」生活就像雲霄飛車，當你尊重每個人時，他們永遠不會忘記。有時候你需要一個人情、一個朋友、一個知己，那些受到你尊重的人會在你身邊，這是對的事。如有疑慮時，同樣請做對的事情。

快速地採取行動，耐心的等待結果。

如果每天都進入「行動」模式，好結果就會出現。還記得前面提過的陶藝課例子嗎？那些每天採取不完美行動的人，在實驗結束時取得了最好的結果。每天早上，你都需要像一匹馬一樣站在起跑門前，準備好衝出障礙物並開始行動。至於結果，請耐心等待——它們會出現的。

實驗最多的人獲勝。

這是對上述內容的完美延續。如果愛迪生在五千次嘗試後停止實驗，他就會失敗。相反地，正因為他繼續嘗試，在一萬多次嘗試後，他得到成功。我的朋友們，請持續努力，永遠不要停下來。

靈感有有效期限。

寫這本書是一項充滿熱情的專案。寫第一個字和第六千個字時，我充滿熱誠。然而，我知道自己最好的文字來自於早上的第一個小時，那是我的靈感達到巔峰的時候。

幾個月來，我每天的第一個小時都用於寫這本書。到下午三點，我對任何專案的靈感都已過期。這個故事的啟示是什麼？當你發現自己有靈感時，就去努力。

玩愚蠢的遊戲只會贏得愚蠢的獎品。

我喜歡這句話的直率和真實。在當今世界玩愚蠢的遊戲是如此容易，在社交媒體上購買追隨人數、給予超出能力的承諾而無法達成、假裝自己可行直到成功為止等等。

這些都是愚蠢的遊戲，你會得到愚蠢的獎品，但永遠無法實現財務自由和成就感，因為你沒有為真正的問題提供真正的解決方案。在通往非凡成功的平凡之道上，我們只玩正確的遊戲並贏得驚人的獎品。

百萬富翁不是忙碌的人，也不是高產出的人，也不是最勤奮和工作時間最長的人，他們是生產正確產品的人。

我可以為前述內容掛保證。我的淨資產達到八位數，但生活並不忙碌。大多時候的工作時數都很短，而且我很少長時間努力工作。相反地，我在短而有效的衝刺中努力工作，我在那裡產生正確的東西。你在生產正確的東西嗎？

人們已經挖掘所有明顯的地方，你必須願意更深入地挖掘、或在新的領域挖掘。

這可以追溯到第二章：發現你的利基。如果你對強大而穩固的競爭對手進行弱模仿，你將被壓垮。如果你願意在新領域更深入地挖掘，找出尚未充分解決的問題，就能開闢一個可以引導你實現財務自由和成就感的利基市場。

在三件事上面成為前百分之二十五，並把它們結合起來成為前百分之一。

我認為，對於那些正在努力尋找自己的利基的人來說，這是一個很好的選擇。如果你發現三件自己可以成為前百分之二十五的事物，請將它們組合起來，並成為該交集領域中的前百分之一。該怎麼做？有一個例子是一名瑜伽教練專門為失明的素食主義者服務。

如果你在所有三個類別中都成為前百分之二十五（這非常容易實現），並將它們全部結合起來，你將在交集領域中排在前百分之一。請發揮創造力，玩得開心，燃起內心火焰。

未來的百萬富翁是特定知識的實踐者。

這裡的關鍵詞是「特定」。當我成為特定知識的實踐者時，也就開啟了未來的百萬富翁之路，這個特定知識就是如何建立、發展一檔每日訪談 Podcast 節目，並從中獲利。

你的特定知識是什麼？如果你猶豫了，代表有一些作業要做。致力於實踐特定知識，並待在這個領域，會很有趣的。

只要是你最擅長的，網際網路就可以讓你擴張。

這再次表明發現利基市場是多麼強大。如果你在自己的利基市場中不是最好的，那麼就該再次找出更細、更窄的領域發展，直到你成為最好的專家。有時，成為最好的意謂著成為唯一。一旦你成為最佳人選，網際網路將為你提供發展業務的槓桿，讓你實現財務自由和成就感。

你可以透過向人們大規模提供他們想要的東西而變得富有。

你的化身最大的掙扎、障礙和挑戰是什麼？你如何提供解決方案？一旦確定了解決方案的交付機制，下一個專案就是探索如何大規模交付此解決方案。大規模交付解決方案將帶來非凡成功。

忙碌的行事曆和忙碌的頭腦會破壞你在世界上做大事的能力。

每當人們分享他們有多忙時，我就會想像一輛停在街區的汽車，油門踏板卡在地板上。車輪在旋轉，引擎在運作，但你哪裡都去不了。這就是世界上百分之九十九的人每天工作的方式。

你之所以正在閱讀這本書，是因為希望加入我們，成為那百分之一已經實現了財務自由和成就感的人。那些走在通往非凡成功的平凡之道上的人有整潔的行事曆和清晰的頭腦。當我們工作時，我們會努力工作，我們會做對的事情；當我們休息時，我們會恢復，讓我們的思緒和身體煥然一新。

我希望你喜歡〈知識的泉源〉。請記住，每當你渴望獲得靈感、動力和方向時，就應該重新訪問這個泉源。通往非凡成功的平凡之道可能是漫長、炎熱和塵土飛揚的道路。請經常來這裡解渴，財務自由和成就感將屬於你。

結語

在通往非凡成功的平凡之道上的每一步，我都對你保持開放、誠實和透明。我不會停在這裡。

有時真相令人痛心，但我是出於愛分享這個真相。如果你目前還沒有享受財務自由和滿足感，那麼你至少要在平凡道路上踏出一步，或是好幾步。

我知道長期經營成功企業需要的是什麼。那需要時間、耐心、堅持和努力。非比尋常的成功不是一蹴可幾，但如果你承諾遵循本書中列出的平凡道路，你就會獲得成功。

每當你發現自己需要動力或靈感時，請參閱〈知識的泉源〉，它不會讓人失望。

每當你覺得業務進展不太好時，請參閱本書目錄，應該就能夠判別你忽略的部分。填補那個洞，你就能回到正軌。

請記住，世界不斷地發展中，你通往非凡成功的道路也在不斷進化。一旦你用這本書打下了基礎，就能夠在機會出現時辨別並利用它們。
相信過程，致力於旅程，財務自由和成就感將屬於你。

約翰．李．杜馬斯

普通人的財富自由之道

從思維到方法，
一人創業大神帶你打造致富腦

作　　者｜約翰・李・杜馬斯
譯　　者｜梵妮莎
總 編 輯｜盧春旭
執行編輯｜黃婉華
行銷企劃｜鍾湘晴
美術設計｜王瓊瑤

發 行 人｜王榮文
出版發行｜遠流出版事業股份有限公司
地　　址｜台北市中山北路 1 段 11 號 13 樓
客服電話｜ 02-2571-0297
傳　　真｜ 02-2571-0197
郵　　撥｜ 0189456-1
著作權顧問｜蕭雄淋律師
ISBN ｜ 978-957-32-9424-5

2022 年 2 月 1 日初版一刷
2024 年 2 月 23 日初版三刷
定　　價｜新台幣 450 元
（如有缺頁或破損，請寄回更換）

遠流博識網
http://www.ylib.com
Email: ylib@ylib.com

國家圖書館出版品預行編目 (CIP) 資料

普通人的財富自由之道 : 從思維到方法 , 一人創業大神帶你打造致富腦 / 約翰 . 李 . 杜馬斯 (John Lee Dumas) 著 ; 梵妮莎譯 . -- 初版 . -- 臺北市 : 遠流出版事業股份有限公司 , 2022.02
面；　公分
譯自 : The common path to uncommon success : a roadmap to financial freedom and fulfillment
ISBN 978-957-32-9424-5(平裝)
1.CST: 職場成功法 2.CST: 創業

494.35　　110022811

THE COMMON PATH TO
UNCOMMON SUCCESS